M. Brelot (Ed.)

W0044164

Potential Theory

Lectures given at a Summer School of the
Centro Internazionale Matematico Estivo (C.I.M.E.),
held in Stresa (Varese), Italy,
July 2-10, 1969

Springer

Fondazione CIME Roberto Conti

C.I.M.E. Foundation
c/o Dipartimento di Matematica "U. Dini"
Viale margagni n. 67/a
50134 Firenze
Italy
cime@math.unifi.it

ISBN 978-3-642-11083-2 e-ISBN: 978-3-642-11084-9
DOI:10.1007/978-3-642-11084-9
Springer Heidelberg Dordrecht London New York

©Springer-Verlag Berlin Heidelberg 2010
Reprint of the 1st ed. C.I.M.E., Ed. Cremonese, Roma 1970
With kind permission of C.I.M.E.

Printed on acid-free paper

Springer.com

CENTRO INTERNAZIONALE MATEMATICO ESTIVO

(C. I. M. E.)

1° Ciclo - Stresa - dal 2 al 10 Luglio 1969

« POTENTIAL THEORY »

Coordinatore: Prof. M. BRELOT

CENTRO INTERNAZIONALE MATEMATICO ESTIVO

(C. I. M. E.)

M. BRELOT

"HISTORICAL INTRODUCTION"

Corso tenuto a Stresa dal 2 al 10 Luglio 1969

HISTORICAL INTRODUCTION

by

Marcel BRELOT

(Institut H. Poincaré)

As an introduction to the next courses, some historical notions seem to be necessary.

1. Old Period (till the first World War) : Ideas of Gauss-Dirichlet.

Until about 1800, potential theory was only a study of some questions about electrostatics and newtonian attraction. The Laplace equation was already much used, and was extended by POISSON who gave also his famous integral in a ball; the Green function was soon introduced, but the first important mathematical work was a paper of GAUSS, in 1840 ([20]) ; three problems were solved in R^3: the problem of equilibrium giving the distribution of a given mass on a conductor ("closed"surface), to make the potential constant on it; this corresponds to the minimum of the energy. A second problem starts from masses inside the conductor, and studies a distribution on a conductor which gives the same potential outside. Similar problem for given masses outside. The solution is realized in physics by the phenomenon of "influence", and the equation was called later "sweeping out process" or commonly now "balayage" process. A third problem is the (so called later by RIEMANN) Dirichlet problem where a harmonic function (i. e. solution of the Laplace equation) is studied inside the conductor for given continuous boundary values. These studies were based on the integral $\int (U^{\mu} - 2f)\, d\mu$, where $U^{\mu}(x)$ is the newtonian potential $\int d\mu(y)/|x-y|$ of the measure $\mu \geqslant 0$. Actually GAUSS considered only μ with a density, and assumed the existence of a μ giving a minimum of the integral. The developments of GAUSS were amazingly deep, powerful , rich , still useful today, but they could not be rigorous, lacking notions like the general Radon measure, and they needed actually some restrictions. Therefore they were first left aside, except for the Dirichlet problem which was studied in various ways, first not rigorous either. Let us mention a method used by RIEMANN ([30]), following GAUSS - W. THOMPSON (Lord KELVIN) - DIRICHLET ; it considers regular functions on the domain, taking given values at the boundary; when the Dirichlet integral $\int \mathrm{grad}^2 u \, dx$ (dx, Lebesgue measure) is minimum, u is the solution of the Dirichlet problem . But we meet the similar difficulty of the attained minimum, which was solved, under suitable restrictions, only by HILBERT ([22]) about 1900. Other methods were given which were rigorous, but with various restrictions on the boundary (use of the alternating process of Schwarz, of potentials of double layer by NEUMANN, later with the Fredholm theory, famous balayage process of Poincaré ([29]) , Lebesgue solution, ...) . If so many great mathematicians gave different solutions of this problem , the reason is that the restrictions on the boundary were not satisfactory, and even seemed unnecessary, till ZAREMBA and LEBESGUE noticed they were necessary.

2. Second period (essentially that between the wars): Use of Radon measure.

The use of Radon measure (defined in 1913) in potential theory first by EVANS, F. RIESZ, de LA VALLÉE POUSSIN renewed the theory. As for the Dirichlet problem we were speaking of, the non-general existence of a solution led LEBESGUE and chiefly WIENER ([34]) (1924) to define a generalized solution, then to study its behavior at the euclidian boundary . A previous solution of PERRON gave the best form by using the subharmonic or superharmonic functions of F. RIESZ ([31]), which are locally equal to a newtonian or logarithmic potential of a measure (resp. $\leqslant 0$ or $\geqslant 0$) up to a harmonic function. These notions allow the treatment of many problems, and I did so systematically, without using a kernel like $1/|x-y|$ in R^3, and this became valuable later in axiomatic theories without given kernels. Now for any real function f on the boundary $\partial\omega$ of a bounded domain ω, let us consider the envelopes of Perron-Wiener $\overline{H}_f = \inf v$, v superharmonic or $+\infty$ (we say hyperharmonic) satisfying : lim inf v at the boundary $\geqslant f$ and $> -\infty$ and $\underline{H}_f = -\overline{H}_{-f}$. Always $\underline{H}_f \leqslant \overline{H}_f$, and in case of equality with a finite necessarily harmonic function (case of resolutivity), the common envelope H_f is called the solution. WIENER proved it is realized when f is finite continuous; then $H_f(x)$ is a positive linear form which we may write $\int f \, d\rho_x$, where $d\rho_x$ is a positive Radon measure called harmonic measure (with an interpretation in balayage theory).

A boundary point x_0 is said to be regular, if $H_f(x)$ tends to $f(x_0)$ $(x \to x_0)$, $\forall f$ finite continuous . When all points are regular, H_f is the "classical solution". Only in 1933 , EVANS [17] (after KELLOGG in R^2) proved that the set of irregular points is a locally polar set, i.e. such that there exists locally (or in a bounded domain containing $\bar{\omega}$) a superharmonic >0 function (or a potential of measure >0) which is $+\infty$ on the set (notion introduced later by BRELOT , 1941) . At this time, it was called a set of capacity zero in the sense of inner capacity (notion without difficulty in R^n, $n \geqslant 3$, inspired by electrostatics, made precise by WIENER - EVANS-

de LA VALLÉE POUSSIN ; actually, as H. CARTAN showed later, polar set = set of outer capacity zero). A little later by studying the case of any f, I proved ([4]) that the resolutivity is equivalent to the $d\rho_x$-summability (independent of x). These features and key results are preserved at least partly in modern axiomatic theories, as they will be considered in the courses of BAUER and BONY.

About at the same time in 1935, FROSTMAN [18] managed to make rigorous and precise the famous work of GAUSS. He used Radon measure, and weakened the results of GAUSS (actually valid with restrictions on the boundary), thanks to "exceptional sets" of inner capacity zero (actually even locally polar sets). His proofs were based on two still important principles: the principle of energy saying that the energy $\int U^{\mu}\, d\mu$ of any μ (with compact support and newtionian potential U^{μ}) is $\geqslant 0$, and zero only when $\mu = 0$; and a maximum principle saying that U^{μ} for $\mu \geqslant 0$ is majorized by the sup on the compact support of μ. Moreover, the notion of capacity was deepened, and the potentials with kernel $|x - y|^{-\alpha}$ studied too, as M. RIESZ did before him.

We arrive about at 1940. One could think potential theory was over. Actually the last thirty years have been extraordinarily fruitful.

3. Third period (about 1940-1955) : Role of topologies and extreme elements, energy and Schwartz distributions.

First further improvements were made. Note a key-convergence theorem on decreasing superharmonic $\geqslant 0$ functions ; the inf of such a sequence becomes superharmonic by changing the value on an "exceptional" set. It was known that this set has Lebesgue measure zero, and I proved in 1938 (C.R. Acad. Sc. Paris, t. 207, 1938, p. 1157) it is locally of inner capacity zero. CARTAN [8] improved that by changing inner to outer (i.e. the set is locally polar) and the sequence to any family. We have now results and proofs which are valid (and more or less strong with more or fewer hypotheses) under general axiomatic conditions, but the proof of CARTAN was based on the case of potentials of finite energy, on the use of a norm-energy and of a corresponding scalar product. This idea gave an interpretation of the balayage process in the basic case as a projection in a prehilbertian space. This opened the way to a deep study of the role of energy, even under larger conditions. Finally, DENY [11] developed a potential theory in R^n with finite energy, where the kernel is a Schwartz distribution (notion introduced in the context of a problem of potential theory) ; the given masses become a variable similar distribution, and the potential is given by convolution of both distributions. Under some restrictions, the Cartan theory may be adapted. This is connected with the so called BL and BLD (Beppo-Levi-Deny) functions, generalizing regular functions with finite Dirichlet integrals. Finally, BEURLING, then BEURLING-DENY (first in [2]) were led ten years ago to a theory of Dirichlet spaces which is an axiomatic of energy, that will be developed in the course of DENY .

Another axiomatic effort began in about 1940 with general <u>kernel-functions</u> N(x, y) (and later kernel-measures) in <u>general topological space.</u> It was obvious many classical arguments were valid under conditions much larger than the newtonian kernel $1/|x-y|$ in R^3 , by supposing as axioms some properties or "principles" of the classical theory. Much research was made in France and independently, chiefly, in Japan (KUNUGUI, KAMETANI, NINOMYA, ...) , and continues till now. They have not stopped, because of the complexity of all principles, and because the use of nonsymmetric kernels introduces difficulties. That will not be developed here, because another type of kernel appeared which is more important, as we shall see later.

This introduction of fundamental topological spaces in potential theory takes place in a general and varied use of topologies. CARTAN used various topologies on measures. A notion of thinness (1940) , I introduced and continued to deepen till now, generalizing the regular boundary points and unstable ones in a kind of Dirichlet problem for compact sets, led CARTAN to the equivalent notion of fine topology, the coarsest one making continuous all superharmonic functions. This gave final improvements in potential theory and general results on the behaviour of superharmonic functions and of functions of a complex variable. For instance, if v is superharmonic ≥ 0 on an open set ω , x_0 an irregular boundary point (that means actually $C\omega$ is thin at x_0) , and h equal to $|x_0 - x|^{2-n}$ or $\log 1/|x_0 - x|^{2-n}$ or $\log 1/|x_0 - x|$ in R^2 , then v and v/h have at x_0 fine limits (i.e. limits according to the fine topology) , and that means ordinary limits outside a suitable set thin at x_0 . On the other hand, new boundaries were introduced, for instance, by completion of a metric compatible with the topology, after some particular cases in the previous period. The most important one is the Martin boundary, introduced in 1941 ([24]) . Consider the normalized Green function of a bounded domain Ω of R^n (or even of a "Green space" which is, for example, connected locally euclidean with a Green function) which will be $K(x, y) =$

$= G(x, y)/G(x, y_0)$ $(y_0 \in \Omega)$. There exists a unique compact space $\hat{\Omega}$ (up to an homomorphism) in which Ω is dense, such that all functions $x \to K(x, y)$ may be continued continuously and separate the new boundary $\Delta = \hat{\Omega} - \Omega$. We denote by Δ_1 the set of points X such that the corresponding $K(X, y)$ is a minimal harmonic function, i.e. such that any other smaller harmonic >0 function is proportional. Now any harmonic $h > 0$ has a unique representation

$$\int K(x, y)\, d\mu_h(x) \quad ,$$

where μ_h is a Radon measure $\geqslant 0$ on Δ , but supported by Δ_1 . If we consider the cone of the positive harmonic functions, and the base B of the functions equal to 1 at y_0 , Δ_1 corresponds to the set of the extreme points of B in the vector space of the differences of positive harmonic functions. Later, this led CHOQUET to a general and deep study of the extreme points and of a corresponding integral representation, probably the most important discovery in analysis in the last twenty years.

The Martin topology allows a Dirichlet problem with Δ , but is not sufficient for a study of behaviour at the boundary. We shall come back later on that point with recent results.

Let us complete the period 1940-1955. Another axiomatic effort is the study of CHOQUET ([9]) of the notion of capacity, which has become a basic and general tool in analysis.

Let us mention finally an attempt by TAUTZ of an axiomatization of harmonic function, which is valid for solutions of equations of elliptic type, by starting from an abstract Poisson integral. That was the beginning of important researches I shall now speak of.

4. Modern period (from 1955) : Probabilistic interpretation, Hunt's kernels, axiomatics of harmonic and superharmonic functions, Dirichlet spaces, boundary behaviour of functions.

I already mentioned the researches on Dirichlet spaces starting from [2], to be developed here by DENY , and also the work which continues on kernel-functions and deep discussion on principles (CHOQUET [10] , CHOQUET-DENY [11] , NINOMYA, KISHI, FUGLEDE [20] , DURIER,...) .

But the most striking new field in potential theory is the rich connection with probability. It is not surprising, when comparing the mean value property of harmonic functions, and the fact that in a brownian motion the probability of the motion from a point is the same in all directions. DOOB deepened this remark, and founded the modern field of probability-potential theory. Let us mention only that, starting from a few axioms, a little like TAUTZ, he defines ([14]) axiomatic harmonic functions in a locally compact metrizable space, and considers a sequence $x_1, x_2, \ldots, x_n, \ldots$ and open sets (regular, i.e. allowing a Dirichlet problem, with a unitary harmonic measure) $\omega_1 \ni x_1$ with $\partial\omega_1 \ni x_2$, $\omega_2 \ni x_2$ with $\partial\omega_2 \ni x_3, \ldots$. The harmonic measure on $\partial\omega_{n-1}$ at x_{n-1} will be taken as probability of choice of $x_n \in \partial\omega_{n-1}$. A suitable Markov process corresponds to this "transition probability". Under some conditions, DOOB stues the values of any corresponding superharmonic function along the corresponding trajectories, and finds the existence of a limit for "almost all" trajectories.

I was so much interested in the starting axioms of these general axiomatic developments that I deepened the question, and by changing more or less the axioms and sometimes adding one, I tried to develop a theory close to the classical one, as follows ([5]) : in a connected, locally compact, but not compact space Ω , we consider on any open set a vector space of finite real continuous functions (called harmonic). They must define a sheaf (axiom 1). As axiom 2, we suppose the existence of a base of "regular" domains, i.e. such that there exists a unique solution of a Dirichlet problem (increasing with the finite continuous boundary function) . As axiom 3, any increasing directed set (or equivalently sequence) of harmonic functions on a domain tends to $+\infty$ or to a harmonic function. Note that the quotients by a finite continuous $h > 0$ give another sheaf satisfying the axioms ; if h is harmonic Ω , we get a case where the constants are harmonic (as DOOB supposed) .

Easy definition of superharmonic function of potential (i.e. superharmonic with every harmonic minorant $\leqslant 0$) : By supposing the existence of a potential > 0 and often a countable base in Ω , a large development is possible as in the classical case (Dirichlet problem with resolutivity theorem ; lattice properties and extension of the Riesz-Martin representation ; thanks to extreme elements, Martin boundary in case of proportionality of the potentials with point-support and corresponding Dirichlet problem ...) ; with a supplementary "axiom D" (domination axiom) , it is possible to adapt the greater part of the classical theory (first the great convergence theorem with its consequences). See [5] . Many important parts or complements were given by Mme HERVÉ [21] with a theory of an adjoint sheaf, BOBOC-CONSTANTINESCU-CORNEA, GOWRISANKARAN, LOEB, B. WALSH (with the role of nuclear spaces and cohomology) , MOKOBODZKI, D. SIBONY, A. de LA PRADELLE (quasi-analyticity), TAYLOR, etc. See [6] . It is easy to see that the solutions of elliptic partial dif= ferential equations of 2nd order, with smooth coefficients, satisfy the previous axioms.

The same is true, but difficult, for discontinuous coefficients with suitable definitions, as was proved by Mme HERVÉ.

This allows simplification of the difficult direct study of these equations (see STAMPACCHIA [34]) .

Now the solutions of parabolic equations do not satisfy the previous axioms (actually 3 and D), whereas they did a least for the heat equa= tion in the Doob's axiomatic. Therefore H. BAUER, in order to gather all these possible applications, weakened the previous axioms by repla= cing the third one by weaker versions of a Doob's conditions, by adjoi= ning another one implying a maximum principle which is a key to our classical and axiomatic theories (see a final form of the Bauer's axiomatic, in [1]).

He succeeded in extending nearly all the previous results inde= pendent of D, except those depending on the Choquet theory of extreme elements. The corresponding integral representation (generalizing the Martin-Riesz one) was made later by MOKOBODZKI, but cannot be gi= ven in the same useful form. Further important complements were gi= ven by various pupils of BAUER (HANSEN, HINRICHSEN, GUBER, SIEVEKING, BLIEDTNER, ...), and weaker axiomatics were also con= sidered (BOBOC-CONSTANTINISCU-CORNEA).

The course of BAUER will develop partly his axiomatic, and give shortly relations with Markov processes and <u>probabilistic interpre= tations</u> of some key tools of potential theory.

The research of sheaves satisfying these axiomatics, or even wheaker ones, has been undertaken by BONY ([3]) . For smooth functions in

R^n, it is very interesting to see the identity with solutions of a suitable partial differential equation of 2nd order. A deep discussion of relations between the previous axiomatics and partial differential equations (and more precisely a characterisation of various axiomatics by different differential operators) will be given in the course of BONY.

The previous theories have a local character. It remains essentially to speak of the fundamental global Hunt's theory of kernels ([23]), published in 1957/58. Avoiding any details and restrictions and speaking roughly, let us consider for a space Ω (abstract or locally compact) a measure μ_x depending on a point $x \in \Omega$, that is written also $N(x, e)$, called a kernel.

Given a function $f \geq 0$, we associate the function $Nf = \int f \, d\mu_x$, or with another common notation $\int f(y) \, N(x, dy)$. Given a measure θ, we associate the measure

$$\theta N(e) = \int N(x, e) \, d\theta(x),$$

that contains nearly all basic notions of potential theory. For example, in the classical case (R^3, newtonian kernel-function $1/|x - y|$), let us choose $N(x, e) = \int_e (1/|x - y|) \, d\lambda(y)$ ($d\lambda$, Lebesgue measure). Now, $Nf = \int (f/|x - y|) \, d\lambda(y)$, which is the newtonian potential of the measure with density f (relative to $d\lambda$). Then

$$\theta N(e) = \int \left(\int_e (1/|x - y|) \, d\lambda(y) \right) d\theta(x) = \int_e \left(\int (d\theta(x)/|x - y|) \right) d\lambda(y).$$

It is a measure with a density which is the ordinary newtonian potential of θ. In a difficult theory, HUNT [23] shows that under certain conditions (satisfied in our applications), there exists for an N a semi-group P_t $(t > 0)$ of kernels (i.e. satisfying $P_{s+t} = P_s . P_t$ with a suitable convention) such that

$$Nf = \int_0^\infty P_t \, f \, dt .$$

Corresponding excessive functions are defined for $f \geqslant 0$ by the conditions

$$P_t f \leqslant f \qquad \text{and} \qquad \lim_{t \to 0} P_t f = f .$$

In case of equality, f is said to be invariant. When an excessive function $f \geqslant 0$ has no invariant minorant $\geqslant 0$, except 0, it is called a (probability) potential.

Now under suitable conditions, P_t may be interpreted as the "transition semi-group" of a Markov process. Details will be found also in the books of P.-A. MEYER ([25] , [26]), and given in BAUER's course.

Then MEYER proved that in the axiomatic I had developed, and BAUER will show it is the same in his one, hyperharmonic non-negative functions are the excessive functions corresponding to a suitable family $\{P_t\}$. Hence the probabilistic interpretation of the axiomatics.

The previous local or global theories study the cones of hyperharmonic or excessive functions. The inverse problem of starting from a cone of functions, and studying when they are hyperharmonic functions in a local axiomatic, or excessive functions in a suitable even extended Hunt's theory, was studied by MOKOBODZKI and D. SIBONY.

The first problem ([27]) is closely connected to the minimum principle, the second one will be deepened in the course of MOKOBODZKI.

We are in the heart of the latest general researches in potential theory.

There are important questions that were mentioned very slightly or not at all in this survey, for instance further connections with probabilities (see MEYER [25] , [26] , DYNKIN, GETOOR, BLUMENTHAL, K. ITO, ...) and applications to function theory.

(See old classical results in the book of TSUJI [33] , and modern developments in the lecture of DOOB, Colloquium on potential theory, Paris-Orsay (1964) , and in a survey of BRELOT, Colloquium of Erevan (1965).)

Let us emphasize only, among the roles of topology, the question of the <u>behaviour of some types of functions connected with potential theory</u> at a suitable boundary. A course on that subject would have been desirable too, because of the possible improvements, complements and applications.

But that would require a large knowledge in potential theory, and basic courses had first to be developed.

However I would like to give an idea of this question by means of examples. Aside of the use of the so called Choquet boundary and Kuramochi boundary, let us consider first the classical case, the Martin space $\hat{\Omega}$, the Martin boundary Δ , and its minimal part Δ_1 .

Thanks to a notion of thinness of a set at any $x \in A$ (NAIM [28]), the fine topology introduced on Ω may be continued on $\Omega \cup \Delta_1$, in such a way that v/h ($\forall$ v superharmonic ≥ 0, h harmonic > 0) has a fine limit at any $x \in \Delta_1$, except on a set of μ_h - measure 0 (DOOB [15] , [16]). That is true also for v = BLD function , $h = 1$, or $v = h$ - BLD function in a suitable sense.

As a smooth euclidean boundary is homeomorphic to the Martin boundary, the general results imply and extend old Fatou theorems for the disk ; in the case of the disk, the general results yield angular limits for harmonic functions, radial limits for superharmonic functions. There are of course applications to and contacts with func= tions of a complex variable, and maps between Riemann surfaces (for these maps, see CONSTANTINESCU-CORNEA in pure potential theory, and DOOB in probability), and let us suggest that the detailed theory of cluster sets had to be adapted with the previous fine topology (Sy= stematic adaptations were made in the frame of the axiomatic of Bre= lot, with applications to the correspondence between two such "harmo= nic spaces" (CONSTANTINESCU-CORNEA, D. SIBONY) and to partial differential equations, but probabilistic interpretations are incomplete.); see [6] and also a detailed survey, with an abstract axiomatic intro= duction and bibliography in [7] .

May these preliminares help lecturers and audience, and suggest also new research.

M. Brelot

SHORT BIBLIOGRAPHY

(Some classical fundamental works and recent basic or introductory pa= pers)

[1] BAUER (H.). - Harmonische Raüme und ihre Potentialtheorie. - Berlin, Springer-Verlag, 1966 (Lecture Notes in Mathematics, 22).

[2] BEURLING (A.), DENY (J.). - Espaces de Dirichlet. Le cas élémentaire, Acta Math., Uppsala, t. 99, 1958, p. 203-224.

[3] BONY (J.-M.). - Détermination des axiomatiques de théorie du potentiel dont les fonctions harmoniques sont différentiables, Ann. Inst. Fourier, Grenoble, t. 17, 1967, no1, p. 353-382.

[4] BRELOT (M.). - Familles de Perron et problème de Dirichlet, Acta Scient. Math. Szeged, t. 9, 1939, p. 133-153.

[5] BRELOT (M.). - Lectures on potential theory. - Bombay, Tata Institute, 1960, 2nd edition : 1967 (Tata Institute... Lectures on Mathematics, 19).

[6] BRELOT (M.). - Axiomatique des fonctions harmoniques. Cours d'été 1965. - Montréal, Les Presses de l'Université de Mon= tréal, 1966, 2nd edition : 1969 (Séminaire de Mathémati= ques supérieures, 14).

[7] BRELOT (M.). - La topologie fine en théorie du potentiel, Sym= posium on probability methods in analysis [1966. Loutraki], p. 36-47. - Berlin, Springer-Verlag, 1967 (Lecture Notes in Mathematics, 31).

[8] CARTAN (H.). - Théorie du potentiel newtonien, énergie, ca= pacité, suites de potentiels, Bull. Soc. math. France, t. 73, 1945, p. 76-100.

[9] CHOQUET (G.). - Capacités, Ann. Inst. Fourier, Grenoble, t. 5, 1953/54, p. 131-295.

[10] CHOQUET (G.). - Sur les fondements de la théorie fine du po= tentiel, Séminaire Brelot-Choquet-Deny : Théorie du poten= tiel, 1re année, 1957, n°1, 10 p.

[11] CHOQUET (G.), DENY(J.). - Modèles finis en théorie du po= tentiel, J. Anal. math. Jérusalem, t. 5, 1956/57, p. 77-134.

[12] DENY (J.). - Les potentiels d'énergie finie, Annals of Math., t. 82, 1950, p. 107-183

[13] DENY (J.). - Sur les espaces de Dirichlet, Séminaire Brelot- -Choquet-Deny : Théorie du potentiel, 1re année, 1957, n° 5, 14 p.

[14] DOOB (J. L.). - Probability methods applied to the first boun= dary value problem, Proceedings of the 3rd Berkeley Sym= posium ... [1954/55], Berkeley , vol. 2, p. 49-80. - Ber= keley, University of California Press, 1956.

[15] DOOB (J. L.). - Conditional brownian notion and the boundary limits of harmonic functions, Bull. Soc. math. France, t. 85, 1957, p. 431-458.

[16] DOOB (J. L.). - A non probabilistic proof of the relative Fatou theorem, Ann. Inst. Fourier, Grenoble, t. 9, 1959, p. 293- -300.

[17] EVANS (G. C.). - Applications of Poincaré sweeping out pro= cess, Proc. Nat. Acad. Sc. U. S. A., t. 19, 1933, p. 457-461.

[18] FROSTMAN (O.). - Potentiel d'équilibre et capacité des en= sembles, Thèse Sc. math. Lund Univ., 1965 (Matem. Sem., 3).

[19] FUGLEDE (B.). - On the theory of potentials in locally com= pact spaces, Acta Math. Uppsala, t. 103, 1900, p. 139-205.

[20] GAUSS (C.). - Allgemeine Lehrsatze in Beziehung auf die in verkehrten Verhältnisse des Quadrats der Entfernung wir= kenden Anziehungs-und Abstossungs-Kräfte (1840), Gauss Werke, Band 5, p. 197-242. - Göttingen, Königliche Ge= sellschaft der Wissenschaften, 1867.

[21] HERVÉ (Mme R.-M.). - Recherches axiomatiques sur la théo= rie des fonctions surharmoniques et du potentiel, Ann. Inst. Fourier, Grenoble, t. 12, 1962, p. 415-571.

[22] HILBERT (D.). - Über das Dirichletsche Prinzip, Jahresber. Deutschen Math. Verein., t. 8, 1900, p. 184-188.

[23] HUNT (G.). - Markov processes and potentials, I, II, III, Illi= nois J. of Math., t. 1, 1957, p. 66-93, 316-369 ; and t. 2, 1958, p. 151-213.

[24] MARTIN (R.S.). - Minimal positive harmonic functions, Trans. Amer. Math. Soc., t. 49, 1941, p. 137-172.

[25] MEYER (P.-A.). - Probabilités et potentiels. - Paris, Her= mann, 1966 (Act. scient. et ind., 1318) and in English : Boston, Blaisdell Publishing Company, 1966.

[26] MEYER (P.-A.). - Processus de Markov. - Berlin, Springer- -Verlag, 1967-1968 (Lecture Notes in Mathematics, 26 and 77).

[27] MOKOBODZKI (G.) et SIBONY (D.). - Principe de minimum et maximalité en théorie du potentiel, Ann. Inst. Fourier, Grenoble, t. 17, 1967, n° 1, p. 601-661.

[28] NAÏM (L.). - Sur le rôle de la frontière de R. S. Martin dans la théorie du potentiel, Ann. Inst. Fourier, Grenoble, t. 7, 1957, p. 183-281.

[29] POINCARÉ (H.). - Théorie du potentiel newtonien. - Paris, G. Carré et C. Naud, 1899.

[30] RIEMANN (B.). - Grundlagen für eine allgemeine Theorie der Funktionen einer veränderlichen komplexen Grösse (Inaugu= raldissertation, Göttingen, 1851), Riemann's Gesammelte ma= thematische Werke, p. 3-45. - Leipzig, B. G. Teubner, 1892 ; Reprinted : New York, Dover Publications, 1953.

[31] RIESZ (F.). - Sur les fonctions subharmoniques et leur rapport à la théorie du potentiel, Acta Math., Uppsala, t. 48, 1926, p. 329-343, and t. 54, 1930, p. 321-360.

[32] STAMPACCHIA (G.). - Equations elliptiques du second ordre à coefficients discontinus. Cours d'été 1965. - Montréal, Les Presses de l'Université de Montréal, 1966 (Séminaire de Ma= thématiques supérieures, 16).

[33] TSUJI (M.). - Potential theory in modern function theory. - -Tokyo, Maruzen Company, 1959.

[34] WIENER (N.). - Certain notions on potential theory, J. of Math. and Phys., t. 14, 1924, p. 24-51.

For a large bibliography, till 1953 see a paper of BRELOT "La théorie moderne du potentiel, Ann. Inst. Fourier, Grenoble, t. 4, 1952, p. 113-140", and later a course of BRELOT "Eléments de la théorie classique du potentiel, 4th edition. - Paris, Centre de Documentation universitaire, 1969". See also a book in Russian, of N.S. LANDKOF: "Fundamentals of modern potential theory - Moskva, Izdatel. Nauka, 1966".

Let us mention the Seminars on potential theory or probability, in Paris, Strasbourg, Erlangen, and the Annales de l'Institut Fourier , which have been publishing, for a long time, many important papers on potential theory, for example those of a Colloquium on this field in Paris-Orsay (1964), vol. 15, 1967, n° 1.

CENTRO INTERNAZIONALE MATEMATICO ESTIVO

(C.I.M.E.)

H. BAUER

HARMONIC SPACES AND ASSOCIATED MARKOV PROCESSES

Corso tenuto a Stresa dal 2 al 10 luglio 1969

HARMONIC SPACES AND ASSOCIATED MARKOV PROCESSES

by

Heinz BAUER

(University of Erlangen-Nürnberg)

These lectures should be understood as an introduction (mainly for non-specialists) to one example of a so-called axiomatic potential theory, namely the theory of harmonic spaces and to the relations of this theory with the theory of Markov processes. The notion of a harmonic space arose from the study of elliptic and parabolic linear differential equations. Potential-theoretic aspects of the theory of Markov processes have their origin in the study of Brownian motion. This particular Markov processes led to probabilistic interpretations of many facts from classical potential theory. Many of these interpretations will be proved here in the homework of harmonic spaces.

The lectures are organized as follows; After a short introduction to the notion of a harmonic space, we present in a very condensed form parts of the theory of these spaces. We then describe the construction of an associated semigroup $(P_t)_{t\geq 0}$ of kernels and their interpretation as the transition semigroup of a Markov process. Then a collection of important notions and results from the theory of Markov processes follows. In a final paragraph, the most important potential-theoretic notions find a probabilistic interpretation.

We have made no attempt to reproduce proofs of results which can be found in books or lecture notes. However, we included all proofs of additional results in the theory of harmonic spaces and all proofs concerning the equivalence of potential-theoretic and probabilistic notions. For the detailed construction of semigroups and Markov processes the reader is referred to a paper of W. HANSEN [13] .

Throughout the paper we shall use the following notations and conventions. Functions with values in the set $\mathbb{R}$ of real numbers (resp. $\overline{\mathbb{R}}$ of extended real numbers) will be called real-valued (resp. numerical) functions. For a topological space T , we denote by $\mathcal{C} = \mathcal{C}(T)$ (resp. $\mathcal{C}_b = \mathcal{C}_b(T)$) the linear space of all continuous (resp. continuous and bounded) real-valued functions on T. If T is a locally compact Hausdorff space , $\mathcal{C}_c = \mathcal{C}_c(T)$ (resp. $\mathcal{C}_o = \mathcal{C}_o(T)$) denotes the linear space of all functions $f \in \mathcal{C}(T)$ with compact support (resp. vanishing at infinity). The support of function $f: T \to \overline{\mathbb{R}}$, i.e. the set $\{t \in T : f(t) \neq 0\}$, will always be denoted by $\mathcal{S}(f)$. If $\mathcal{A}$ is a set of numerical functions, $\mathcal{A}^+$ or $_+\mathcal{A}$ will denote the set of all non-negative functions in $\mathcal{A}$.

H. Bauer

1. Harmonic spaces

We shall restrict the discussion to the type of harmonic spaces treated in [1] . Extensions to the more general type introduced by BOBOC-CONSTANTINESCU-CORNEA [5] and even to HANSEN's theory of harmonic kernels [2] are possible.

Let X be a locally compact Hausdorff space with countable base , and denote by $\mathfrak{U}$ (resp. $\mathfrak{U}_c$) the set of all open (resp. open and relatively compact) subsets $U \neq \emptyset$ of X . Let $\mathcal{H}$ be a mapping which associates to each $U \in \mathfrak{U}$ a linear subspace $\mathcal{H}_U$ of the linear space $\mathcal{C}(U)$ of all continuous real-valued functions on U . The elements of $\mathcal{H}_U$ will be called harmonic functions on U . $\mathcal{H}$ will be called a sheaf (of linear spaces of continuous real-valued functions) if it has in addition the following two properties · (i) the restriction of a harmonic function on U to a subset $U' \in \mathfrak{U}$ is harmonic on U' ; a function h is harmonic on $U \in \mathfrak{U}$ if it is locally harmonic on U (in the sense: each $x \in U$ has an open neighborhood $U_x \subset U$ such that the restriction of h to U_x is harmonic on U_x) .

A harmonic space is a pair $(X, \mathcal{H})$ where $\mathcal{H}$ has certain additional properties. These properties will be present in the following two fundamental examples:

E_1) $X = \mathbb{R}^n$; $\mathcal{H}_U$ = set of all classical harmonic functions on U , i.e. all solutions of the Laplace equation $\Delta h = o$, defined on U .

E_2) $X = \mathbb{R}^{n+1}$; $\mathcal{H}_U$ = set of all solutions of the heat equation $\Delta h = \frac{\partial h}{\partial x_{n+1}}$ on U .

The following notions prepare the formulation of the additional properties of $\mathcal{H}$:

A set $V \in \mathfrak{U}_c$ is called <u>regular</u> if the topological boundary V^* of V in X is non-empty and if (i) the first boundary value problem (Dirichlet problem) has a unique solution H_f^V for all $f \in \mathcal{C}(V^*)$, (ii) $H_f^V \geqslant o$ for all $f \in \mathcal{C}^+(V^*)$. Obviously, for each $x \in V$ the mapping $f \to H_f^V(x)$ defines a Radon measure $\mu_x^V \geqslant o$ on V^*, the <u>harmonic measure</u> for V and $x \in V$. By definition, we have

(1) $$H_f^V(x) = \int f d\mu_x^V \qquad (f \in \mathcal{C}(V^*)) .$$

A regular set V satisfying $\overline{V} \subset U$ for some $U \in \mathfrak{U}$ is called <u>regular</u> in U .

A function $u : U \to]-\infty , +\infty]$ on $U \in \mathfrak{U}$ is called <u>hyper-harmonic</u> on U if it is lower semi-continuous and if it satisfies

(2) $$\int u \, d\mu_x^V \leqslant u(x)$$

for all sets V which are regular in U and all $x \in V$. The set of these functions will be denoted by $\mathcal{H}_U^*$. Functions $u \in \mathcal{H}_U^*$ which are finite on a dense subset of U are called <u>super-harmonic</u> on U. $\mathcal{S}_U$ will denote the set of these functions. Obviously, we have

(3) $$\mathcal{H}_U = \mathcal{S}_U \cap (-\mathcal{S}_U) = \mathcal{H}_U^* \cap (-\mathcal{H}_U^*) .$$

Finally, a function $p \in \mathcal{S}_X$ is called a <u>potential</u> (on X) if $p \geqslant o$

and if $h = o$ is the only harmonic function on X satisfying $o \leq h \leq p$. $\mathcal{P} = \mathcal{P}_X$ will denote the set of all potentials on X.

1.1. Definition: The space $(X, \mathcal{H})$ (or, briefly X) is called a harmonic space (with respect to the sheaf $\mathcal{H}$) if $\mathcal{H}$ satisfies the following three axioms :

Basis axiom: The regular sets form a base of the space X.

Doob's convergence axiom (K_D) : For each increasing sequence (h_n) of harmonic functions on a set $U \in \mathfrak{U}$ the upper envelope $h = \sup h_n$ is harmonic on U provided that it is finite on a dense subset of U .

Separation axiom: (a) $\mathcal{H}_X^*$ separates the points of X linearly, i.e. for $x \neq y$ in X there exist $u, v \in \mathcal{H}_X^*$ such that $u(x)\ v(y) \neq u(y)\ v(x)$.

(b) On each $U \in \mathfrak{U}_c$ there exists a strictly positive harmonic function.

X is called a strong harmonic space if in addition the following positivity axiom holds : For each point $x \in X$ there exists a potential $p \in \mathcal{P}$ such that $p(x) > 0$.

In example E_1 the space $X = \mathbf{R}^n$ is harmonic; for $n \geq 3$, $\mathbf{R}^n$ is even a strong harmonic space. The space $X = \mathbf{R}^{n+1}$ is a strong harmonic space in example E_2. Every open subspace U of a harmonic space is harmonic (with respect to $\mathcal{H}$ restricted to U); every $U \in \mathfrak{U}_c$ is even a strong harmonic space. For more general classes of elliptic and parabolic differential equations leading to harmonic spaces , see BOBOC-MUSTAŢĂ [6] and, above all, the results of J.M. BONY presented at this C.I.M.E. meeting. Harmonic spaces in the sense of BRELOT [8] with a positive potential are strong harmonic spaces in the above sense.

Let us finally remark that the bulk of results of these lectures (sometimes after minor changes) remains valid if Doob's convergence axiom is replaced by the weaker axiom K_1 of [2a] , p.16.

2. Basic potential-theoretic facts

Let us collect (mainly from [1]) some of the basic facts about the potential theory of a harmonic space.

2.1 A lower semi-continuous function $u : U \to]-\infty, +\infty]$ on a set $U \in \mathfrak{U}$ is hyperharmonic if the inequalities (2) hold for all $x \in U$ and only for all $V \in \mathfrak{V}(x)$ where $\mathfrak{V}(x)$ is a fundamental system of neighborhoods of x which are regular in U. In particular, this proves that locally hyperharmonic functions are hyperharmonic ([1] , I, § 3) .

2.2 For functions $u \in \mathcal{H}^*_U$, $U \in \mathfrak{U}$, the implication

$$(4) \qquad \liminf_{x \to z} u(x) \geq 0 \quad \text{for all} \quad z \in U \implies u \geq 0 ,$$

called boundary minimum principle, holds under each of the following assumptions :

(i) U is relatively compact;

(ii) there exists a potential p on X such that $u(x) \geq -p(x)$ for all $x \in U$. ([1] , 1.3.6 and 2.4.3) .

From the sheaf-property follows that for each numerical function u on X there exists a smallest closed set $C(u)$ such that u restricted to $\complement C(u)$ is harmonic. $C(u)$ is called the carrier (or potential-theoretic support) of u. This notion leads to the following

2.3 Domination principle: For each hyperharmonic function $u \geq 0$ on X and each potential $p \in \mathcal{P} \cap \mathcal{C}(X)$, we have

(5) $$u(x) \geq p(x) \quad \text{for all} \quad x \in C(p) \Longrightarrow u \geq p \quad \text{on} \quad X .$$

Proof. The function $w(x) = u(x) - p(x)$ is hyperharmonic on the open set $U = \complement C(p)$ and $\geq -p$ on U. Furthermore, for all $z \in U^* \subset C(p)$, we obtain from the continuity of p

$$\liminf_{x \to z,\, x \in U} (u(x) - p(x)) = \liminf_{x \to z,\, x \in U} u(x) - p(z) \geq u(z) - p(z) \geq 0.$$

The result then follows from the boundary minimum principle (assumption (ii)).

2.4 Corollary: Assume that the constant functions ≥ 0 are hyperharmonic on X, i.e. $1 \in \mathcal{H}^*_X$. Then

(6) $$\sup p(C(p)) = \sup p(X)$$

for all $p \in \mathcal{P} \cap \mathcal{C}(X)$.

It suffices to apply the domination principle to the constant function $u = \sup p(C(p))$.

An important tool for the construction of hyperharmonic

functions and, in particular of potentials is the reduced function R_f of a numerical function $f \geq o$ on X. The definition of R_f is

$$R_f = \inf \left\{ u \in \mathcal{H}^*_X : u \geq f \right\} . \tag{7}$$

The importance of R_f already can be observed in the following result:

2.5. For every lower semi-continuous function $f \geq o$ on X, the reduced function R_f is hyperharmonic ($\geq o$) and its carrier $C(R_f)$ is contained in the support S(f) of f. If in addition f is majorized by some superharmonic function, continuity of f at a point $x \in X$ implies continuity of R_f at x. ([1], 2.5.6 and 2.3.5)

For a strong harmonic space we obtain in particular : For each function $f \in \mathcal{C}^+_c(X)$ the reduced function R_f is a continuous real-valued potential on X. ([1], 2.5.7)

Among the many consequences of this is

2.6 Approximation theorem : Denote by $\mathcal{P}_c$ the set of all potentials $p \in \mathcal{P} \cap \mathcal{C}(X)$ on a strong harmonic space X having compact carrier C(p). Then the linear space

$$(\mathcal{P}_c - \mathcal{P}_c) \cap \mathcal{C}_c(X) \tag{8}$$

is dense in $\mathcal{C}_o(X)$ in the topology of uniform convergence on X .

This theorem was proved in [1], 2.7. 4 in the slightly weaker form where compactness of C(p) was not assumed in the definition of $\mathcal{P}_c$. However, the same proof also works with our definition of $\mathcal{P}_c$.

Another application of 2.5 is the following :

2.7. Lemma : For each potential $p \in \mathcal{P} \cap \mathcal{C}(X)$ on a harmonic space X, there exists a decreasing sequence $(p_n)_{n \in \mathbb{N}}$ in $\mathcal{P} \cap \mathcal{C}(X)$ such that

(9) $$p - p_n \in \mathcal{C}_c^+(X) \quad \text{for all} \quad n \in \mathbb{N} \quad \text{and} \quad \inf_{n \in \mathbb{N}} p_n = o .$$

Proof. Let (U_n) be an increasing sequence of sets in $\mathfrak{U}_c$ such that $\bigcup U_n = X$, and let (f_n) be a corresponding increasing sequence in $\mathcal{C}_c^+$ such that $o \leq f_n \leq 1$ and $f_n(x) = 1$ for all $x \in U_n$ $(n \in \mathbb{N})$. Then, $\sup f_n = 1$ and the sequence

$$p_n = R_{(1-f_n)p}$$

has all the required properties: From $(1-f_n)p \leq p$ follows $p_n \leq p$ and (by means of 2;5) that p_n is in $\mathcal{P} \cap \mathcal{C}(X)$ and satisfies $C(p_n) \subset S((1-f)p) \subset \complement U_n$. Hence, each p_n is harmonic in U_n. Obviously, the sequence (p_n) is decreasing. By the convergence axiom, then $\inf p_n$ is a harmonic function on X satisfying $o \leq \inf p_n \leq p$. This implies $\inf p_n = o$ since p is a potential. Finally, $(1-f_n)p \leq p_n \leq p$. Therefore, $p_n = p$ on $\complement S(f_n)$, i.e. $p - p_n$ has compact support.

We shall make essential use of the following

2.8 Decomposition property: For every finite open covering

$(U_i)_{i=1,\dots,n}$ of a harmonic space X and every superharmonic function $s \in \mathcal{S}_X^+$, there exists a decomposition $s = s_1 + \dots + s_n$ of s in superharmonic functions $s_i \geqslant 0$, $i=1,\dots,n$, such that

$$(10) \qquad C(s_i) \subset U_i \qquad (i=1,\dots,n) .$$

Proof. It suffices to prove (10) in the weaker form $C(s_i \subset \overline{U}_i$ since there exists an open covering $(U'_i)_{i=1,\dots,n}$ of the normal space X such that $U'_i \subset U_i$ holds for all $i = 1,\dots,n$. The decomposition property is then evident for $n = 1$ and for $n = 2$ a consequence of Mme HERVÉ's decomposition theorem ([1], 5.1.4). In a simplified form this theorem states that for $s \in S_X^+$ and $U \in \mathfrak{U}$ there exist $s_1, s_2 \in \mathcal{S}_X^+$ such that $s = s_1 + s_2$,

$$C(s_1) \subset \overline{U} \quad \text{and} \quad C(s_2) \subset \complement U .$$

For $n \geq 3$ a successive application of this result leads to the decomposition property : There exist $s_1, s' \in \mathcal{S}_X^+$ such that

$$s = s_1 + s' , \quad C(S_1) \subset \overline{U}_1 \quad \text{and} \quad C(s') \subset \complement U_1 .$$

By the same reason, there exist s_2, $s'' \in \mathcal{S}_X^+$ such that

$$S' = s_2 + s'' , \quad C(s_2) \subset \overline{U}_2 \quad \text{and} \quad C(s'') \subset \complement U_2 .$$

Since s' is harmonic in U_1, it follows from $s' = s_2 + s''$ that s" also is harmonic in U_1. Hence, $C(s'') \subset \complement U_1 \cap \complement U_2 = \complement (U_1 \cup U_2)$. After n steps we arrive at a representation of s as a sum of functions $s_1, \dots, s_n$, $s^{(n)} \in \mathcal{S}_X^+$

satisfying $C(s_i) \subset \bar{U}_i$ for all $i = 1, \ldots, n$ and

$$C(s^{(n)}) \subset \complement(U_1 \cup \ldots \cup U_n) = \emptyset .$$

Hence , $s^{(n)}$ is harmonic on X and

$$s = s_1 + \ldots + s_{n-1} + (s_n + s^{(n)})$$

is a decomposition of the required type.

Remark. In the decomposition $s = s_1 + \ldots + s_n$ the functions $s_1, \ldots, s_n$ are potentials if s is a potential on X . This is a consequence of the inequalities $o \leq s_i \leq s$, $i = 1, \ldots, n$.

On the convex cone $\mathcal{S}^+_X$ the intrinsic order is called the specific order and denoted by $\prec$. Hence, $s \prec t$ holds for $s, t \in \mathcal{S}^+_X$ if and only if $t = s + t'$ for some $t' \in \mathcal{S}^+_X$ (which is uniquely determined) . We claim

2.9 Theorem : For the specific order, $\mathcal{S}^+_X$ is a (conditionally complete) lattice.

The proof is the same as given in [8] , p. 89 .

2.10 Corollary 1 : The set $\mathcal{P}$ of all potentials on a harmonic space X is a sublattice of $\mathcal{S}^+_S$.

One only has to observe that for potentials $p_1, p_2 \in P$ the sum $p_1 + p_2$ is a potential ([1] , 2.4.7') which majorizes p_1 and p_2 in the specific order .

2.11 Corollary 2 : $\mathcal{P}$ has the Riesz decomposition property, in the specific order, i.e. for every triplet p, p_1, p_2 of potentials satisfying $p \prec p_1 + p_2$ there exist potentials q_1, q_2 such that $q_i \preccurlyeq p_i$ $(i = 1, 2)$ and $p = q_1 + q_2$. More generally, if $p_1, \ldots, p_n, q_1, \ldots, q_m$ are potentials such that $p_1 + \ldots + p_n = q_1 + \ldots + q_m$ then there exist potentials p_{ij}, $1 \leq i \leq n$, $1 \leq j \leq m$, such that $p_i = \sum_{j=1}^{m} p_{ij}$ and $q_j = \sum_{i=1}^{n} p_{ij}$ holds for all i and j.

This is a well-known property of convex cones which are lattices in thei[r] proper order (see [7]).

Closely related to 2.8 is finally the following result :

2.12 Lemma : For every potential p on a harmonic space X there exists a specifically increasing sequence (p_n) of potentials with compact carrier such that $p_n \prec p$ holds for all n and such that (p_n) converges pointwise to

Proof. Let (U_n) be an increasing sequence of sets $U_n \in \mathfrak{U}_c$ covering X. Mme Hervé's decomposition theorem ([1], 5.1.4) does not only lead to potentials p_n, q_n satisfying $p = p_n + q_n$, $C(p_n) \subset \overline{U}_n$ and $C(q_n) \subset \complement U_n$. It states more precisely that p_n can be chosen as the specifically smallest U_n - majorant of p which means $p_n \prec t$ for every $t \in \mathcal{S}_X^+$ satisfying $t(x) = p(x) + t'(x)$ for all $x \in U_n$ and some $t' \in \mathcal{S}_{U_n}$ (those t are called U_n - majorants of p). Since p_{n+1} then is specifically the smallest U_{n+1} - majorant of p and hence a U_n-majorant of p, we have $p_n \prec p_{n+1}$ and therefore $q_n \succ q_{n+1}$ for all n. In particular, (p_n) is increasing and (q_n) is decreasing. Because of $C(q_n) \subset \complement U_n$, $\inf_{n \in \mathbb{N}} q_n$ is harmonic on each U_n, hence on X. From $o < \inf q_n < p$ then follows $\inf q_n = o$.

Therefore, $\sup p_n = p$ and (p_n) has all the required properties.

3 . Kernels and dominant functions

Let X be a locally compact space with countable base. We shall denote by $\mathfrak{B}$ the σ-algebra of all Borel sets of X, and by $\mathcal{B}$ (resp. $\mathcal{B}_b$) the set of all (resp. all bounded) numerical $\mathfrak{B}$-measurable functions on X. $\mathcal{B}_b$ will be considered as a Banach space with respect to the usual point-wise operations and the sup-norm

$$\|f\| = \sup_{x \in X} |f(x)| \qquad (f \in \mathcal{B}_b).$$

3.1. A kernel V on X or $(X, \mathfrak{B})$ is a mapping $V: X \times \mathfrak{B} \to \overline{\mathbb{R}}_+$ such that $x \mapsto V(x, B)$ is $\mathfrak{B}$-measurable for all $B \in \mathfrak{B}$ and $B \mapsto V(x, B)$ is a positive measure on $\mathfrak{B}$ for all $x \in X$.

V can be viewed as a mapping of $\mathcal{B}^+$ into $\mathcal{B}^+$ by defining

$$\text{(11)} \qquad Vf(x) = \int V(x, dy)\, f(y) \qquad (f \in \mathcal{B}^+).$$

In particular, $V1_B(x) = V(x, B)$ for the indicator function 1_B of a set $B \in \mathfrak{B}$. Obviously, $V: \mathcal{B}^+ \to \mathcal{B}^+$ is additive and positively homogeneous.

A kernel V is said to be bounded if

(12) $$\sup_{x \in X} V1(x) = \sup_{x \in X} V(x, X) < +\infty .$$

Obviously, Vf is then defined by means of (11) for all $f \in \mathcal{B}_b$, and $V : \mathcal{B}_b \longrightarrow \mathcal{B}_b$ is a positive linear mapping . A kernel V on X is called <u>sub-Markov</u> (resp. Markov) if $V1 \leq 1$ (resp. $V1 = 1$). Each sub-Markov kernel is bounded.

From now on , $X = (X, \mathcal{H})$ again be a harmonic space. The following theorem shows that every finite potential p on X defines (even in a unique way) a certain kernel .

3.2 Theorem (Mme HERVÉ) : For every finite potential p on a harmonic space X there exists a unique kernel V on X such that

(13) $$V1 = p ;$$

(14) for each $f \in \mathcal{B}_b^+$, Vf is a finite potential such that $C(Vf) \subset S(f)$.

If in addition p is bounded (resp. continuous) then V is bounded (resp. satisfies $V(\mathcal{B}_b) \subset \mathcal{C}(X)$) .

The kernel V will be said to be <u>associated</u> to p.

<u>Proof.</u> We indicate a proof for the existence of V . For the uniqueness of V see MEYER [16] .

$\mathcal{S} = (p_1, \ldots, p_n)$ will be called a decomposition of p if $p_1, \ldots, p_n$ is a finite number of potentials satisfying $p_1 + \ldots + p_n = p$.

Another decomposition $\delta' = (p'_1, \dots, p'_m)$ is said to be finer than δ ($\delta' \prec \delta$) if each p_i is the sum of certain p'_j. Then it follows from 2.11 that the set Δ of all decompositions of p is directed by $\prec$.

For $\delta \in \Delta$ and $f \in \mathcal{C}_c^+$, we define

$$\underline{V}^{\delta} f = \sum \inf f(C(q))\, q \ , \quad \overline{V}^{\delta} f = \sum \sup f(C(q))\, q$$

where the sum is over all potentials q appearing in the decomposition δ. Then $\delta' \prec \delta$ implies

$$(15) \qquad \underline{V}^{\delta} f \leq \underline{V}^{\delta'} f \leq \overline{V}^{\delta'} f \leq \overline{V}^{\delta} f \qquad (f \in \mathcal{C}_c^+).$$

Furthermore,

$$(16) \qquad \overline{V}^{\delta} f - \underline{V}^{\delta} f \leq p. \sup_{q \in \delta} [\sup f(C(q)) - \inf f(C(q))] \ .$$

But for given $\varepsilon > o$ and $f \in C_c^+$, there exists a finite open covering $U_1 \cup \dots \cup U_n = X$ such that $\sup f(U_i) - \inf f(U_i) \leq \varepsilon$, $i = 1, \dots, n$. By the decomposition property 2.8, there is a decomposition $\delta = (q_1, \dots, q_n) \in \Delta$ such that $C(q_i) \subset U_i$, $i = 1, \dots$ $\dots, n$. Hence we obtain from (15) and (16) that

$$\sup_{\delta \in \Delta} \underline{V}^{\delta} f = \inf_{\delta \in \Delta} \overline{V}^{\delta} f \, .$$

Denote by Vf this common function. Each $\underline{V}^{\delta} f$ is a finite sum of potentials, hence a potential $\leq \|f\|\, p$. Hence by (15), also Vf is a potential $\leq \|f\| p$. So V is a mapping of $\mathcal{C}_c^+$ into $\mathcal{P}$. Obviously, V is positively homogeneous. Because of

$$\underline{V}^{\delta}(f) + \underline{V}^{\delta}(g) \leq \underline{V}^{\delta}(f+g) \leq \overline{V}^{\delta}(f+g) \leq \overline{V}^{\delta} f + \overline{V}^{\delta} g ,$$

V is additive on $\mathscr{C}_c^+$. Hence, by the Riesz representation theorem, for each $x \in X$ there exists a unique Radon measure $\mu_x \geqslant 0$ on X such that $V f(x) = \int f \, d\mu_x$ holds for all $f \in \mathscr{C}_c^+$. We write $V_o(x, B) = \mu_x(B)$ for all Borel sets $B \subset X$ and then have

$$Vf(x) = \int f(y) \; V_o(x, dy) = \int V_o(x, dy) \, f(y) .$$

Because of (11), we write again V for V_o and prove that V has all desired properties. In particular, V will be a kernel if (14) holds since potentials are lower semi-continuous and hence Borel-measurable.

Obviously, $V1 \leqslant p$ since $Vf \leqslant \|f\| p$ holds for all $f \in \mathscr{C}_c^+$. From 2.12 we know the existence of a sequence (p_n) of potentials with compact carrier $C(p_n)$ such that $p_n \uparrow p$ and $p_n \prec p$, i.e. $p_n + q_n = p$ holds with potentials q_n for all $n \in \mathbf{N}$. Denote now by δ the decomposition (p_n, q_n) and by f_n a function in $\mathscr{C}_c^+$ satisfying $o \leqslant f_n \leqslant 1$ and $f_n(x) = 1$ for all $x \in C(p_n)$. Then $p_n \leqslant \underline{V}^{\delta} f_n \leqslant V f_n \leqslant V1$ for all n which in the limit gives $p \leqslant V1$, and hence equality (13).

(13) implies in particular $V f \leqslant V \|f\| = \|f\| \, p$ for all $f \in \mathscr{B}_b^+$. Hence (14) will have been proved if we show that Vf is hyperharmonic for all $f \in \mathscr{B}_b^+$. Assume first that $f \in \mathscr{B}_b^+$ is lower semi-continuous. Then there exists an increasing sequence (f_n) in $\mathscr{C}_c^+$ such that $f_n \uparrow f$. This implies $V f_n \uparrow Vf_n$, hence Vf is hyperharmonic as limit of an increasing sequence of

of potentials. For arbitrary $f \in \mathcal{B}_b^+$ we have

$$Vf = \inf_{\varphi \in Q} V\varphi$$

where Q is the set of all lower semi-continuous functions $\varphi \in \mathcal{B}_b^+$ majorizing f. Hence, Vf and (by the same reason) $V(\|f\| - f)$ are nearly hyperharmonic functions in the sense of [1], p. 45 which means that lower semi-continuity is missing. For a numeral function $f \geqslant 0$ on X, the greatest lower semi-continuous function $\leqslant f$ on X is denoted by $\hat{f}$ and called the regularized function of f. By [1], 2.1.1 and [1], p. 48 we can conclude that

$$Vf + V(\|f\| - f) = \|f\|_p$$

implies

$$\widehat{Vf} + \widehat{V(\|f\| - f)} = \|f\|_p$$

and that th wo regularized functions are hyperharmonic. Since regularized functions minorize the original functions, the two equalities imply $Vf = \widehat{Vf}$ (and $V(\|f\| - f) = \widehat{V(\|f\| - f)}$). This proves that Vf is hyperharmonic.

It follows from (13) that boundedness of p implies boundedness of V. Continuity of p together with $Vf = -V(\|f\| - f) + \|f\|_p$ implies upper semi-continuity and hence continuity of Vf for all $f \in \mathcal{B}_b^+$.

The remaining proof of $C(Vf) \subset S(f)$ for all $f \in \mathcal{B}_b^+$ will be left to the reader. It follows from the argument in the proof of(14), the convergence axiom and the following remark :

Remark: For all functions $f \in \mathscr{C}_c^+$ and all decompositions δ of p we have

(17) $$C(\underline{V}^{\delta} f) \subset \{f > o\} .$$

The definition of $\underline{V}^{\delta} f$ shows that

$$\underline{V}^{\delta} f = \sum \inf f (C(q))\, q$$

where the sum is taken only over those $q \in \delta$ for which $C(q) \subset \{f > o\}$. From this the result follows since $C(q_1 + \ldots + q_n) = C(q_1) \cup \ldots \cup C(q_n)$ for all finite sequences $q_1, \ldots, q_n$ of potentials.

3.3 Corollary : For every finite potential p on X the associated kernel satisfies $V(\mathscr{B}^+) \subset {}_+\mathscr{H}^*_X$.

This follows from (14) and $Vf = \sup Vf_n$ for every increasing sequence (f_n) in $\mathscr{B}_b^+$ with $f \in \mathscr{B}^+$ as upper envelope.

It is our intention to prove that a special choice of p will enable us to redefine the non-negative hyperharmonic functions on X by means of the associated kernel . For this we introduce the following class of functions :

3.4 Definition: Let V be a kernel on X . A function $d \in \mathscr{B}^+$ will be called V-dominant if for all $f, g \in \mathscr{B}^+$ the following implication holds :

(18) $$d + Vf \geq Vg \text{ on } \{g > o\} \Longrightarrow d + Vf \geq Vg \text{ on } X .$$

The set of all V-dominant (resp. lower semi-continuous V-dominant) functions will be denoted by $\mathcal{D} = \mathcal{D}(V)$ (resp. $\mathcal{D}_s = \mathcal{D}_s(V)$).

If all constant functions $\geq o$ are V-dominant one says that V satisfies the <u>complete maximum principle.</u>

<u>Remark:</u> Assume that the kernel V satisfies $V(\mathcal{C}_c) \subset \subset \mathcal{C}(X)$ which is the case if V is associated to a potential $p \in \mathcal{P} \cap \mathcal{C}(X)$. Then a lower semi-continuous function $d \geqslant o$ is already V-dominant if (18) holds for all $f, g \in \mathcal{C}_c^+$. This is proved in the same way as T4 in [14], p. 203. One only should observe remark (b) in [14], p. 204.

We obtain now

3.5. <u>Lemma</u>: Let V be the kernel associated to a potential $p \in \mathcal{P} \cap \mathcal{C}(X)$. Then

(19) $$_{+}\mathcal{H}_X^* \subset \mathcal{D}_s(V)$$

and

(20) $$\inf \left\{ d \in \mathcal{D}(V) : Vf - d \in \mathcal{C}_o^+ \right\} = o \qquad \text{for all } f \in \mathcal{B}_b^+$$

<u>Proof.</u> Assume that $u(x) + Vf(x) \geq Vg(x)$ holds for all $x \in \{g > o\}$ where $u \in {}_{+}\mathcal{H}_X^*$, and $f, g \in \mathcal{B}^+$. Because of the preceeding remark we may assume $f, g \in \mathcal{C}_c^+$. We then have $u + Vf > Vg \geq \underline{V}^{\delta} g$ on $\{g > o\}$ for all $\delta \in \Delta$. The function $u + Vf$ is hyperharmonic as sum of two hyperharmonic functions (corollary 3.3); by 3.2, $\underline{V}^{\delta} g$ is in $\mathcal{P} \cap \mathcal{C}(X)$ by definition and has its carrier $C(\underline{V}^{\delta} g)$ contained in $\{g > o\}$ by (17). From the domination principle 2.3, we therefore obtain

$u + Vf \geq \underline{V}^{\delta} g$ on X for all decompositions δ of p and hence $u + Vf \geq Vg$.

- Property (20) is an immediate consequence of 2.7 and (19) since $Vf \in \mathcal{P} \cap \mathcal{C}(X)$ for all $f \in \mathcal{B}_b^+$. One could even replace $\mathcal{D}(V)$ by $\mathcal{D}_s(V)$.

One cannot expect to have equality in (19): For $p = o$ the kernel V vanishes identically, hence $\mathcal{D}(V) = \mathcal{B}^+$. But we shall see that a particular choice of p leads to equality.

From now on we shall assume that $(X, \mathcal{H})$ is a <u>strong harmonic space</u> and that the <u>constant function</u> 1 is <u>hyperharmonic</u> on X. The last condition is not very restrictive. Since ([1], 2.7.3) there exists a strictly positive potential $p_o \in \mathcal{C}(X)$, one can pass from $\mathcal{H}$ to the sheaf ${}^{p}\mathcal{H}$ of all p-harmonic functions ([1], 1.3.1) in order to fulfil the above assumptions for $(X, {}^{p}\mathcal{H})$ instead of $(X, \mathcal{H})$.

In order to describe the particular choice of p, we define a subset $\mathcal{D}^* = \mathcal{D}^*(V)$ of $\mathcal{D}(V)$ as follows:

(21) $$\mathcal{D}^*(V) = \{ d \in \mathcal{D}(V) \cap \mathcal{B}_b \ : \exists \ e \in \mathcal{D}(V) \text{ such that } d+e \ \overline{V(\mathcal{B}_b)} \}.$$

In this definition V is a bounded kernel on X. So it makes sense to consider the closure $\overline{V(\mathcal{B}_b)}$ of $V(\mathcal{B}_b)$ in the Banach space B_b.

3.6 Lemma: There exists a potential $p \in \mathcal{P} \cap \mathcal{C}_b(X)$ such that

$$(21) \qquad \mathcal{C}_c \subset \overline{\mathcal{D}^*(V) - \mathcal{D}^*(V)}$$

holds for the associated kernel V.

Proof. From 2.6 we know that every $f \in \mathcal{C}_c$ can be uniformly approximated by differences $u - v$ of functions in $\mathcal{P}_c = \{p \in \mathcal{P} \cap \mathcal{C}(X) : C(p) \text{ compact}\}$. Therefore, there exists a countable set $\mathcal{Q} = \{u'_1, u'_2, \dots\}$ of such potentials $u'_n \neq o$ in $\mathcal{P}_c$ such that $\mathcal{C}_c \subset \overline{\mathcal{Q} - \mathcal{Q}}$. (By 2.4 all potentials in P_c are bounded.) Then

$$p = \sum_{n=1}^{\infty} \frac{1}{2^n \|u'_n\|} u'_n$$

is in $\mathcal{P} \cap \mathcal{C}(X)$ [1] and satisfies $o \leq p \leq 1$. Let us show that this potential has the additional property (21) :

For each $n \in \mathbb{N}$, we have $u_n = (2^n \|u'_n\|)^{-1} u'_n \in \mathcal{P}_c \subset \subset \mathcal{D}(V) \cap \mathcal{B}_b$, and $p - u_n = \sum_{m \neq n} u_m \in \mathcal{P} \cap \mathcal{C}(X) \subset \mathcal{D}(V) \cap \mathcal{B}_b$.

From $u_n + (p - u_n) = p = V1 \in V(\mathcal{B}_b) \subset \overline{V(\mathcal{B}_b)}$ we obtain $u_n \in \mathcal{D}^*(V)$ and therefore $u'_n \in \mathcal{D}^*(V)$ for all n. Hence, $\mathcal{C}_c \subset \overline{\mathcal{Q} - \mathcal{Q}} \subset \overline{\mathcal{D}^*(V) - \mathcal{D}^*(V)}$ follows .

We recollect the most important results of this paragraph:

---

1) Let $\sum_{n=1}^{\infty} p_n$ be a series of potentials which converges on a dense subset of X . Then $p = \sum p_n$ is again a potential . The proof is almost the same as that of [1] , 2.4.7.

3.7 Theorem : On every strong harmonic space X on which the non-negative constant functions are hyperharmonic there exists a kernel V with the following properties :

(a) $$_{+}\mathcal{H}^*_X \subset \mathcal{D}_s(V) \ ;$$

(b') $$V(\mathcal{B}_b^+) \subset \mathcal{C}_b(X) \ ;$$

(b") $$V(\mathcal{B}_b^+) \subset \mathcal{P} \ ;$$

(c) $$\mathcal{C}_c(X) \subset \mathcal{D}^*(V) - \mathcal{D}^*(V) \ ;$$

(d) $$\inf \{ d \in \mathcal{D}(V) \ : \ Vf - d \in \mathcal{C}_o^+ \} = o \qquad (f \in \mathcal{B}_b^+) \ .$$

In particular, V satisfies the complete maximum principle.

The last property follows from (a) since the constant function 1 is V-dominant. A kernel V on X with these properties will be called an admissible kernel on the strong harmonic space X. (b') implies that V is bounded.

Remark. A more complicated construction [13] leads to the existence of a potential $p \in \mathcal{P} \cap \mathcal{C}_b(X)$ with an associated kernel V which beyond the properties listed above hehaves as follows :

(22) For each compact set $K \subset X$ and each neighborhood U of K, there exist functions $u, v \in \mathcal{D}(V) \cap \mathcal{C}(X)$ and $h \in \mathcal{C}_c^+(X)$ satisfying $u \leq v$, $u(x) < v(x)$ for all $x \in K$, $u(x) = v(x)$ and $h(x) = o$ for all $x \in U$, and

$$Vh - u \in \mathcal{D}(V) \ .$$

The importance of this property will be made clear later.

4 . Semigroups and excessive functions.

Consider for a moment again a general locally compact space X with countable base and the σ-algebra $\mathfrak{B}$ of all Borel sets of X. Two kernels V and W on X, viewed as positively homogeneous mappings of $\mathcal{B}^+$ into $\mathcal{B}^+$ can be composed. The result is a positively homogeneous mapping of $\mathcal{B}^+$ into $\mathcal{B}^+$ which itself is derived from a kernel on X, namely

$$(x, B) \longrightarrow \int W(x, dy)\, V(y, B) .$$

This kernel is called the product WV of W and V (in this order). Obviously, WV is sub-Markov (resp. Markov) if W and V are both sub-Markov (resp. Markov). Therefore, it makes sense to call a family $(P_t)_{t \in \mathbb{R}_+}$ of (sub-) Markov kernels on X a <u>semigroup</u> of (sub-) Markov kernels if

(23) $$P_{s+t} = P_s P_t \qquad \text{for all } s, t \in \mathbb{R}_+$$

and if P_o is the <u>identity kernel</u> I, defined by

(24) $$I(x, B) = 1_B(x) \qquad (x \in X, B \in \mathfrak{B}) .$$

For such a semigroup there is an important class of associated functions which already by definition is analogous to the class of hyperharmonic functions $\geq o$.

4.1 Definition : A function $f \in \mathcal{B}^+$ is called excessive with respect to a semigroup $(P_t)_{t \geq o}$ of sub-Markov kernels if

(25) $$P_t f \leq f \qquad (t \in \mathbb{R}_+) ;$$

(26) $$\lim_{t \to o} P_t f = f.$$ [1)]

The set of all excessive functions will be denoted by $\mathcal{E} = \mathcal{E}((P_t)_{t \geq o})$.

We shall be interested in semigroups with good analytical behaviour in the following sense :

4.2 Definition : A semigroup $(P_t)_{t \geq o}$ of sub-Markov kernels on X is called a quasi-Feller semigroup if

(27) $$P_t(\mathcal{C}_o) \subset \mathcal{C}_b \qquad (t \in \mathbb{R}_+),$$

(28) $$\lim_{t \to o} \| P_t f - f \| = o \qquad (f \in \mathcal{C}_o) ,$$

(29) there exist functions $p \in \mathcal{E} \cap \mathcal{C}_b(X)$ und $q \in \mathcal{E} \cap \mathcal{C}(X)$ such that p is strictly positive and such that the set

$$\{ p \geq \alpha \} \cap \{ q \leq \beta \}$$

is compact for all real numbers $\alpha > o$, $\beta > o$.

[1)] For more general purposes it is useful to assume that excessive functions are only universally measurable ([4] [15]) .

An application of the complete maximum principle and the Hille-Yosida theorem of semigroup theory yeilds the link to the investigations of the last paragraph. The link consists in the following result of HANSEN [13] which (after some modifications) generalizes a now classical result of G.A. HUNT [14] ; p. 214

4.3 Theorem : Let V be a bounded kernel on a locally compact space X with countable base and let the sets $\mathcal{D}(V)$ and $\mathcal{D}^*(V)$ be defined as in § 3. Assume that V satisfies the complete maximum principle and has the properties (b') , (c) and (d) of 3.7 Then there exists a uniquely determined quasi-Feller semigroup $(P_t)_{t>o}$ on X such that

(30) $$Vf(x) = \int_o^\infty P_t f(x)\, dt$$

holds for all $f \in \mathcal{B}^+$ and all $x \in X$.

Because of 3.7 this result applies in particular to every admissible kernel on a strong harmonic space X In view of the additional properties of such a kernel we obtain :

4.4 Theorem : Let V be an admissible kernel on a strong harmonic space X on which the non-negative constant functions are hyperharmonic, and $(P_t)_{t\geq o}$ the corresponding quasi-Feller semigroup. Then the following three sets of functions coincide :

(31) $${}_+\mathcal{H}^*_X = \mathcal{D}_s(V) = \mathcal{E}((P_t)) .$$

Proof. We already know (19) that $_+\mathcal{H}^*_X \subset \mathcal{D}_s(V)$. It therefore suffices to prove (i) $\mathcal{D}_s \subset \mathcal{E}$ and (ii) $\mathcal{E} \subset \mathcal{H}^*_X$. It follows from the theory of resolvents ([14] , p. 199) that each function $d \in \mathcal{D}(V)$ satisfies $P_t d \leq d (t \in \mathbf{R}_+)$. So for $d \in \mathcal{D}_s(V)$ only the additional property $\lim_{t \to o} P_t d = d$ has to be proved in order to obtain (i). It suffices to consider an increasing sequence (f_n) in $\mathcal{C}^+_c$ such that $d = \sup f_n$. The property (28) then implies that

$$f_n = \lim_{t \to o} P_t f_n \leq \lim_{t \to o} P_t d \leq d$$

holds for all $n \in \mathbf{N}$. From this the desired result follows for $n \to \infty$. For the proof of (ii) one can use a well-known result of semigroup theory ([14] , p. 196) that every excessive function $u \in \mathcal{E}$ is the limit of an increasing sequence $(V f_n)$ of functions Vf_n where $f_n \in \mathcal{B}^+$. This result holds since we know that $V(\mathcal{B}_b) \subset \mathcal{C}_b(X)$. It follows from $V(\mathcal{B}^+) \subset \mathcal{H}^* X$ that u is an increasing limit of hyperharmonic functions . But every increasing limit of hyperharmonic functions is itself hyperharmonic.

Remark. Because of $V(\mathcal{B}_b) \subset \mathcal{C}_b$ it is easy to see ([13] , p. 213) that the equalities (31) also hold if excessive functions are assumed to be only universally measurable.

5 . Semigroups and Markov processes

Markov processes are a powerful tool for the investigation of semigroups of sub-Markov kernels. Unfortunately the definition of this tool is because of measurability problems rather delicate. We shall therefore restrain ourselves from giving a formal definition in all details. For this the reader is referred to the excellent monographs [4] and [15]. We shall adopt the terminology of these authors and content ourselves with a superficial and incomplete description of the notion of a Markov process.

Consider for a moment a measurable space $(X, \mathfrak{B})$, called <u>state space,</u> and a stochastic process $(X_t)_{t>o}$ on a measurable space $(\Omega, \mathfrak{A})$, i.e. a family of $\mathfrak{A}$-$\mathfrak{B}$ –measurable mappings $X_t : \Omega \longrightarrow X$ with $\mathbb{R}_+$ as index set. Assume that a probability measure P^x on $\mathfrak{A}$ is associated to each $x \in X$ satisfying $P^x\{X_o = x\} = 1$ which should mean in particular that $\{x\} \in \mathfrak{B}$ for all $x \in X$. In the usual interpretation $(X_t)_{t>o}$, a family of X- valued random variables on $(\Omega, \mathfrak{A}, P^x)$, describes for given $x \in X$ the random movement of a particle starting in x at time t=o We call $(\Omega, \mathfrak{A}, (P^x)_{x \in X}, (X_t)_{t>o})$ a <u>weak Markov process</u> with state space $(X, \mathfrak{B})$ if in addition

(32) $$x \longrightarrow P^x(A) \qquad \text{is } \mathfrak{B}\text{-measurable for all } A \in \mathfrak{A}$$

and if

(33) $$P^x\{X_{s+t} \in B \mid \mathfrak{A}_s\} = P^{X_s}\{X_t \in B\}$$

holds P^x - almost surely for all $s, t \in \mathbb{R}_+$, $B \in \mathfrak{B}$ and $x \in X$. Here $\mathfrak{A}_s$ is the sub- σ-algebra of A generated by all X_t with $o \leq t \leq s$ and $P^x\{X_{s+t} \in B \mid \mathfrak{A}_s$ denotes the conditional probability of the event $\{X_{s+t} \in B\}$ under the hypothesis $\mathfrak{A}_s$ with respect to P^x.[1] (33) is a formal description of what is normally meant by saying that the particle has no memory: The movement of the particle after time s is independant of its history up to time s, it only depends on the position of the particle at time s.

For such a weak Markov process

(34) $$P_t(x, B) = P^x\{X_t \in B\} \qquad (t \in \mathbb{R}_+)$$

defines a semigroup $(P_t)_{t\geq 0}$ of Markov kernels on $(X, \mathfrak{B})$. (P_t) is called the <u>transition semigroup</u> of the process. Conversely, if X is a Polish space, $\mathfrak{B}$ its σ-algebra of Borel sets and and $(P_t)_{t\geq 0}$ a given semigroup of Markov kernels there always exists a weak Markov process such that (P_t) is its transition semigroup. [For details see e.g. [3] , pp. 307-314] .

This result applies in particular to every locally compact space X with the Borel σ- algebra $\mathfrak{B}$ and every semigroup $(P_t)_{t\geq 0}$ of sub-Markov kernels on X. In order to arrive at a semigroup (P'_t) of Markov kernels one proceeds as usual : Let $X' = X \cup \{\Delta\}$ be the one-point compactification of X (Δ is an isolated point of X' if X is compact) and define P'_t as a kernel on X' with its Borel σ-algebra $\mathfrak{B}'$ by extending P_t in the usual way : associate the missing mass $1 - P_t(x, X)$ to the point Δ and let $B \to P'_t(\Delta, B)$ be the unit mass at Δ . The corresponding weak Markov process will then still be called a weak Markov process with state space X and transition semigroup

---

[1] Hence (33) states nothin else than

$$\int_A P^{X_s}\{X_t \in B\}\, d P^x = P^x(\{X_{s+t} \in B\} \cap A) \text{ for all } A \in \mathfrak{A}_s$$

$(P_t)_{t>0}$ and will be denoted by $(\Omega, \mathfrak{V}, (P^x)_{x \in X}, (X_t)_{t \geq 0}$. Δ plays the rôle of an "absorbing point".

If in particular (P_t) is a quasi-Feller semigroup on X it was shown by HANSEN [13] that the additional analytic properties of (P_t) allow the construction of a weak Markov process with (P_t) as transition semigroup and with all those additional properties (homogenity, right-side continuous paths, strong Markov property, quasi-left-continuity on $[0, +\infty[$, paths with left-side limits on $[0, +\infty[$) which define the notion of a Hunt process. Since the excessive functions of such a process are by definition the excessive functions of (P_t), 4.4 implies the following fundamental result:

5.1 Theorem: For every strong harmonic space X satisfyng $1 \in \mathcal{H}^*_X$ there exists a Hunt process $(\Omega, \mathfrak{V}, (P^x)_{x \in X}, (X_t)_{t>0})$ with state space X whose excessive functions are the hyperharmonic functions ≥ 0 on X.

Remarks. 1) If one starts the construction of the above Hunt process with an admissible kernel V which also fulfils (22), one obtains a Hunt process whose paths are continuous before they eventually jump to the point Δ. However, we shall never use this additional property.

2) For the case of the classical potential theory (example E_1 in dimensions $n \geq 3$) the Hunt process constructed above is not exactly the Brownian motion but intimately related to it. If one wants to arrive exactly at the Brownian to arrive exactly at the Brownian

motion one has to generalize some of the earlier results in order to be able to use the (unbouded) Newtonian kernel instead of an admissible kernel.

6. Some facts about the potential theory of a Hunt process

Each Hunt process $(\Omega, \mathfrak{U}, (P^x)_{x \in X'}, (X_t)_{t \geq o})$ with a locally compact space X with countable base as state space is the origin of a probabilistic potential theory on X. We shall collcet now some of the most important notions and facts of this theory. Details and proofs can be found in [4] and [15].

For each Borel set (or, more generally, nearly Borel set [4], [15]) $A \subset X$ the <u>first hitting time</u> of A is defined as

$$T_A(\omega) = \inf \{ t > o : X_t(\omega) \in A \} \qquad (\omega \in \Omega)$$

where the infimum over the empty set is understood to be $+\infty$. T_A is a so-called stopping time which means in particular that no measurabilty problems arise and that X_{T_A} is a random variable with values in $X' = X \cup \{\Delta\}$ where again Δ is the point at infinity. The definition of X_T is

$$(35) \qquad X_{T_A}(\omega) = \begin{cases} X_{T_A(\omega)}(\omega) & , \text{ if } T_A(\omega) < +\infty \\ \Delta - & , \text{ if } T_A(\omega) = +\infty \end{cases} .$$

A point $x \in X$ is said to be regular (resp. irregular) for a nearly Borel set $A \subset X$ if

(36) $$P^x \{T_A = o\} = 1 \qquad (\text{resp. } P^x \{T_A = o\} = o).$$

A zero-one-law states that the probability $P^x \{T_A = o\}$ only can attain the values o and 1; hence, a point $x \in X$ is either regular or irregular for A. A^r (resp. A^i) will denote the set of all points in X which are regular (resp. irregular) for A. A^r and A^i are again nearly Borel sets. A set $A \subset X$ is called thin at $x \in X$ if it is contained in a nearly Borel set $D \subset X$ such that $x \in D^i$.

A set $A \subset X$ is called finely open if $\complement A$ is thin at all points $x \in A$. For a nearly Borel set A this means

$$P^x \{T_{\complement A} = o\} = o \qquad \text{for all } x \in A.$$

Hence the process (X_t) remains in A for an initial interval of time P^x- almost surely for all $x \in A$. These finely open sets are the open sets of a topology on X, called the fine topology of X with respect to the process. In this topology all excessive functions of the process turn out to be continuous . Obviously, the fine topology is finer than the original topology of X .

The exceptional sets for the given Hunt process, namely the so-called polar and semipolar sets, are again defined in terms of the behavior of hitting times. A set $A \subset X$ is called polar if there exists a nearly Borel set D in A such that $A \subset D$ and

(37) $$P^x \{ T_D < +\infty \} = o \qquad \text{for all } x \in X.$$

Hence, polar sets are those sets in which the process P^x - almost surely never enters at time $t > o$ for all choices of the starting point $x \in X$.

A set $A \subset X$ is called thin (or totally thin) if it is contained in a nearly Borel set D such that D is thin at all points of X, i.e. $D^r = \emptyset$. Every countable union of thin sets in X is called a semipolar set in X. In such a set S the process (X_t) only enters a countable number of times, i.e.

$$\{ t \in \mathbf{R}_+ : X_t(\omega) \in S \}$$

is countable for P^x-almost all $\omega \in \Omega$ and all $x \in X$. The complement of a semipolar set is finely dense in X ([15] , pp. 149, 153) , and hence dense in X with respect to the original topology.

A typical situation in which semipolar sets appear is the following : For every nearly Borel set $A \subset X$, the set $A \setminus A^r = A \cap A^i$ is semipolar.

All-important for the theory of Hunt processes is the so-called hitting distribution of a nearly Borel set $A \subset X$ which by definition is the kernel

(38) $$P_A(x, B) = P^x(\{X_{T_A} \in B\} \cap \{T_A < +\infty\}) \quad (x \in X, \text{ B Borel set in X})$$

or , written as an operator on the Borel-measurable function $f \geq o$ on X :

(39) $$P_A f(x) = E^x (f \circ X_{T_A} \cdot 1_{\{T_A < \infty\}})$$

The non-probabilistic caracterization of this kernel P_A for a strong harmonic space is the key to the probabilistic interpretation of potential-theoretic concepts on such a harmonic space.

7 . Probabilistic interpretation of some potential-theoretic notions.

Consider now agaii a strong harmonic space $(X, \mathcal{H})$ on which the constant function $\mathbf{1}$ is hyperharmonic ; consider also an admissible kernel V on X , the corresponding quasi-Feller semigroup $(P_t)_{t \geq 0}$, and a Hunt process $(\Omega, \mathfrak{U}, (P^x)_{x \in X}, (X_t)_{t \geq 0})$ with $(P_t)_{t \geq 0}$ as transition semigroup. Notions like nearly Borel, regular, irregular, fine topology, polar, semipolar etc. should be understood with respect to this Hunt process .

In § 2 we defined the reduced function R_f for any numerical function $f \geq 0$ on X. We now define

(40) $$R_f^A = R_{f1_A}$$

for a set $A \subset X$ where $f \cdot 1_A$ is the function equal to f on A and to zero on $\complement A$. As in the proof of 3.2 we shall denote by $\hat{R}_f^A$ the regularized function of R_f^A . Then $\hat{R}_f^A$ is called the "balayée" of f on A. We claim

7.1. Theorem: For every nearly Borel set $A \subset X$ and every hyperharmonic function $u \geq o$ on X we have

$$P_A u = \hat{R}_u^A . \tag{41}$$

Proof. An important theorem of HUNT ([15] , p. 139 ; [4], p. 141) states that

$$P_A u (x) = R_u^A (x)$$

holds for all excessive functions u and all $x \in \complement(A \cap A^i) = A^r \cup \complement A$. In addition, one has ([15], p. 137)

$$P_A u (x) = u (x) \tag{42}$$

for all $x \in A^r$. Since excessive functions and hyperharmonic functions $\geq o$ coincide by 4.4, these results can be applied to $u \in {}_+\mathcal{H}_X^*$. From the definition of P_A follows almost immediately ([15] , p. 136) that a function $v \in {}_+\mathcal{H}_X^*$ majorizes $P_A u$ if v majorizes u on A. We therefore have $P_A u \leq R_u^A$. But $P_A u$ is known ([15], p. 137) to be excessive and hence hyperharmonic, hence lower semi-continuous. We therefore have

$$P_A u \leq \hat{R}_u^A \leq R_u^A .$$

Together with (42) we obtain from this

$$P_A u = u(x) = \hat{R}_u^A (x) \qquad \text{for all } x \in A^r$$

On the other hand a fundamental theorem about harmonic spaces

([1] , p. 105) states that

$$\hat{R}^A_u(x) = R^A_u(x) \qquad \text{for all } x \in \complement A .$$

By collecting all these equalities, we obtain

$$P_A u(x) = \hat{R}^A_u(x)$$

for all $x \in A^r \cup \complement A = \complement(A \cap A^i)$. But as mentioned in § 6, $A \cap A^i$ is semipolar and hence $\complement(A \cap A^i)$ finely dense in X. $P_A u$ and $\hat{R}^A_n$ are as excessive = hyperharmonic functions finely continuous. We so conclude that $P_A u = \hat{R}^A_u$ on all of X.

This result is now the key to all what follows. We immediately obtain :

7. 2 Corollary 1 . A set $A \subset X$ is polar in the potential-theoretic sense, i.e. $A \subset s^{-1}(+\infty)$ for some $s \in {}_+\mathcal{S}_X$, if and only if A is polar with respect to the process (X_t).

Proof. We may assume that A is nearly Borel. Since $P^x\{T_A < +\infty\} = o$ for all $x \in X$ defines polarity with respect to (X_t) it follows from (39) that A is polar in the probabilistic sense if and only if $P_A(x, X) = P_A 1\,(x) = o$ for all $x \in X$. By (41) this is equivalent to

$$\hat{R}^A_1 = o .$$

This characterizes polarity of A in the potential-theoretic sense by [1] , 2 . 8. 4.

7.3 Corollary 2: Consider the hitting distribution $P_{\complement U}$ of the complement of an open relatively compact set $U \subset X$. Then $P_{\complement U}(x,\cdot)$ is for each $x \in U$ the harmonic measure μ_x^U (as defined in [1], p. 120).[1)]

Proof. We have

$$P_{\complement U}\, u = \hat{R}_u^{\complement U}$$

for all $u \in {}_+\mathcal{H}_X^*$. In addition, we have ([1], 4.1.4) for all $x \in U$

$$\hat{R}_u^{\complement U}(x) = \int u \, d\mu_x^U .$$

Hence for given $x \in U$ the equality

$$P_{\complement U}\, u(x) = \int u \, d\mu_x^U$$

holds for all $u \in {}_+\mathcal{H}_X^*$. The approximation theorem 2.6 together with a uniqueness theorem of BOURBAKI [7], p. 56 implies then (see also [1], 2.7.5 and the proof of 3.4.1) that

$$P_{\complement U}\, f(x) = \int f \, d\mu_x^U$$

holds for all $f \in \mathcal{C}_c(X)$, i.e. $\mu_x^U = P_{\complement U}(x,.)$.

Remark: With the same kind of argument one also identifies the swept measure μ^A as defined in [1], p. 115 with the measure

---

1) This applies in particular to the harmonic measures μ_x^V for a regular set V.

μP_A defined by $B \to \int P_A(x, B)\, \mu(dx)$.

In connection with the minimum principle the notion of an <u>absorbing set</u> is of importance for the theory of harmonic spaces. An absorbing set $A \subset X$ is by definition a closed set such that for all $x \in A$ and every regular neighborhood V of x the harmonic measure μ_x^V is concentrated on A.

7.4 <u>Corollary 3</u>: A closed set $A \subset X$ is absorbing if for all points $x \in A$ one has $X_t \in A$ P^x - almost surely for all $t \in \mathbb{R}_+$.

<u>Proof.</u> A is absorbing if and only if $\hat{R}_1^{\complement A} = o$ on A. This is an immediate consequence of [1], 1.4.1 and 2.2.1 Equivalent to the last statement is $P_{\complement A}\, 1(x) = o$ for all $x \in A$, or

$$P^x \left\{ T_{\complement A} < +\infty \right\} = o \qquad \text{for all } x \in A.$$

Evidently, this is equivalent to $X_t \in A$ P^x - almost surely for all $t \in \mathbb{R}_+$ and all $x \in A$.

We close this discussion by identifying the probabilistic notion of thinness with the usual potential-theoretic notion of thinness. A subset A of X is called <u>thin at</u> $x \in X$ (in the potential-theoretic sense) (see [1], p. 107) if

$$\hat{R}_1^{A \cap V}(x) < 1 \tag{43}$$

holds for some neighborhood V of x. For points $x \in \bar{A} \setminus A$ this is equivalent to the existence of a function $u \in {}_+\mathcal{H}_X^*$ satisfying

$$(44) \qquad \liminf_{\substack{y \to x \\ y \in A}} u(y) > u(x) .$$

A is thin at all point $x \in \complement \bar{A}$.

7.5 Theorem : For every subset A of X and all points $x \in X$ the probabilistic and the potential-theoretic notion of thinness of A at x coincide.

Proof. A rather simple proof can be given in the case where $x \notin A$. It relies on the fact (for a simple proof see [4] , p. 86) that under our assumption on the kernel V the fine topology of X is the coarsest under which all excessive, hence all functions in ${}_{+}\mathcal{H}^{*}_{X}$ are continuous. [1] , 3.1.4 states that this also is the potential-theoretic fine topology which is defined like the probabilistic one by understanding thinness in the potential-theoretic sense. Hence A is thin at $x \notin A$ in one of the two meanings if and only if $\complement A$ is a fine neighborhood of x.

In the general case we again rely on 7.1 by observing that CONSTANTINESCU [10], p.227 proved that potential-theoretic thinness of A at x is equivalent to the existence of some $u \in {}_{+}\mathcal{H}^{*}_{X}$ for which

$$\hat{R}^{A}_{u}(x) < u(x)$$

holds. Furthermore, it was observed in [10], p. 279 that a set A which is thin at x can be enlarged to a Borel set A' which still is thin at x. Therefore, the problem is reduced to the question whether for a nearly Borel set $A \subset X$

$$P_A\, u(x) \; < \; u(x) \qquad \text{for some } u \in {}_+\mathcal{H}_X^*,$$

i.e. for some excessive function, caracterizes the probabilistic thinness of A at x. By means of the approximation theorem 2.6 (compare the proof of 7.3), this is equivalent to the problem whether $P_A(x, \cdot) = \varepsilon_x$ = unit mass at x caracterizes regularity of x for A (in the probabilistic sense). Since regularity by definition means $P^x\{T_A = o\} = 1$, this condition is necessary. A proof for its sufficiency has been communicated to us by Professor GETOOR. With his kind permission we reproduce his proof:

Suppose that $x \notin A^r$ and $P_A(x, \cdot) = \varepsilon_x$ which implies $P^x\{T_A > o\} = P^x\{T_A < +\infty\} = 1$. Define (by making use of the standard notation in Markov processes) the following sequence of stopping times:

$$T_1 = T_A, \ldots, \; T_{n+1} = T_n + T_A \quad \theta_{T_n}, \; \ldots \quad .$$

We then show by induction that

(45) $$P^x\left\{X_{T_n} = x \; ; \; T_n < \infty\right\} = 1 \quad \text{for all } n \; .$$

This is true for $n = 1$ since $P_A(x, \cdot) = \varepsilon_x$. But

$$P^x\left\{X_{T_{n+1}} \neq x; \; T_{n+1} < \infty\right\} = P^x\left\{X_{T_A} \circ \theta_{T_n} = x; \; T_A \circ \theta_{T_n} \lesssim \infty; \; T_n < \infty\right\}$$

$$= E^x\left\{P^{X_{T_n}}\left\{X_{T_A} = x; \; T_A < \infty\right\}; \quad T_n < \infty\right\}$$

$$= P^x\left\{X_{T_A} = x \; ; \; T_A < \infty\right\} = 1$$

by the strong Markov property. and the induction hypothesis. On the other hand, it follows from $P^x\{T_A > o\} = 1$ and (45) that $\eta = E^x(e^{-T_A}) < 1$ and

$$E^x(e^{-T_{n+1}}) = E^x(e^{-T_n} E^{X_{T_n}}(e^{-T_A})) = \eta\, E^x(e^{-T_n})$$

which implies $\lim E^x(e^{-T_n}) = o$ and hence

$$\lim_{n\to\infty} T_n = +\infty \qquad P^x\text{-almost surely.}$$

This however is a contradiction to (45) since $X_t \to \Delta$ for $t \to +\infty$ P^x- almost surely. This convergence however is proved as in [4] , p.89 , exercise 4.24 by observing that the proof of this exercise is based on the inequality

$$(46) \qquad \inf_{x \in K} V(x, G) > o$$

valid for all compact sets $K \neq \emptyset$ and all relatively compact, open neighborhood G of K. Property (46) follows in our situation from the lower semi-continuity of $V1_G$ and $V1_G(x) = V(x, G) > o$ for all $x \in G$. The last property is an immediate consequence of (28) and (30) .

In [1] we defined totally thin sets as those subsets of a strong harmonic space X which are thin at all points of X in the potential-theoretic sense. Countable unions of these sets were called semipolar.

7.6 Corollary: There is identity between totally thin (resp. semipolar) subsets of X in the probabilistic and the potential-theoretic sense

Proof. This is a consequence of 7.5. One only has to use a result of CONSTANTINESCU [10], p. 280 saying that each totally thin set $A \subset X$ (in the potential-theoretic sense) is contained in a Borel set (even a G_δ - set) of the same type.

Additional results about the behavior of associated kernels and Markov processes on a strong harmonic space can be found in [11] and [12].

H. Bauer

BIBLIOGRAPHY

[1] H. BAUER, Harmonische Räume und ihre Potentialtheorie. Lecture Notes in Math. 22 (1966).

[2] ----------, Seminar über Potentialtheorie. Lecture Notes in Math. 69 (1968) /.

[2a] ----------, Axiomatische Behandlung das Dirichletschen Problems für elliptische und parabolische Differentialgleichungen. Math. Annalen 146 (1962), 1-59.

[3] ----------, Wahrscheinlichkeitstheorie und Grundzüge der Masstheorie. W. de Gruyter & Co., Berlin (1968) .

[4] R.M. BLUMENTHAL and R.K. GETOOR, Markov processes and Potential Theory . Academic Press , New York-London (1968).

[5] N. BOBOC, C. CONSTANTINESCU and A. CORNEA, Axiomatic theory of harmonic functions - Non-negative superharmonic functions. Ann. Inst. Fourier 15/1 (1965), 283- 312 .

[6] N. BOBOC and P. MUSTAŢĂ, Espaces harmoniques associés aux operateurs différentiels linéaires du sencond ordre de type elliptique. Lecture Notes in Math. 68 (1969) .

[7] N. BOURBAKI, Intégration , Chap. I - IV (2e édition) Hermann, Paris (1965) .

[8] M. BRELOT, Lectures on potential thory. Tata Inst. of Fund. Research, Bombay (1960, reissued 1967) .

[9] -----------, Axiomatique des fonctions harmoniques. Les presses de l'Université de Montreal (1966) .

[10] C. CONSTANTINESCU, Some properties of the balayage of measures on a harmonic space. Ann. Inst. Fourier 17/1 (1967), 273-293.

[11] --------------------, Kernels and nuclei on harmonic spaces. Rev. Roum . Math. Pures et Appl. 13 (1968), 35- 57.

[12] ----------------------, Markov processes on harmonic spaces. Rev. Roum. Math. Pures et Appl. 13 (1968) , 627-654.

[13] W. HANSEN, Konstruktion von Halbgruppen und Markoffschen Prozessen. Inventiones math. 3 (1967), 179 - 214 .

[14] P.A. MEYER , Probability and Potentials, Blaisdell Publ. Comp. Waltham - Toronto - London (1966)

[15] ------------ , Processus de Markov. Lecture Notes in Math. 26 (1967).

[16] --------------, Brelot's axiomatic theory of the Dirichlet problem and Hunt's theory. Ann. Inst. Fourier 13/2 (1963), 357-372.

CENTRO INTERNAZIONALE MATEMATICO ESTIVO

(C.I.M.E.)

J.M. BONY

"OPERATEURS ELLIPTIQUES DEGENERES ASSOCIES AUX AXIOMATIQUES DE LA THEORIE DU POTENTIEL"

Corso tenuto a Stresa dal 2 al 10 luglio 1969

OPERATEURS ELLIPTIQUES DEGENERES ASSOCIES AUX AXIOMATIQUES DE LA THEORIE DU POTENTIEL

par

J.M. BONY

Cette série d'exposés a pour objet d'étudier les liens entre les théories axiomatiques du potentiel, telles qu'elles sont développées dans les travaux de Brelot, Bauer, ..., avec les équations aux dérivées partielles. Issues de la théorie classique relative à l'équation de Laplace, ces théories axiomatiques se sont attachées à l'étude des propriétés topologiques (invariantes par homéomorphisme) ce qui a permis de les énoncer sous forme d'axiomes sur un espace localement compact quelconque. Le succès de cette entreprise est dû essentiellement au fait qu'un très petit nombre d'axiomes permet de retrouver presque tous le résultats (topologiques) connus dans le cas classique.

Notre travail se divisera naturellement en deux parties. En premier lieu, associer à une axiomatique de théorie du potentiel un opérateur L tel que les fonctions harmoniques soient solutions de Lu=0. D'autre part, étant donné un opérateur L possédant certaines propriétés, quels sont les axiomes vérifiés par l'ensemble de solutions. Bien entendu, notre premier objectif ne pourra être réalisable que si nous supposons, non seulement que l'axiomatique est donnée sur un ouvert de R^n, mais encore qu'il existe certains liens avec la structure différentiable de R^n (existence de suffisamment de fonctions harmoniques différentiables). Il nous parait remarquable que nous arrivions dans ces conditions à une caractérisation presque complète des divers types d'axiomatiques (et donc de propriétés purement topologiques) en termes d'opérateurs différentiels dont la structure différentielle est décrite de façon très précise.

Dans les deux premiers paragraphes, nous montrons qu'à une axiomatique possédant très peu de propriétés, nous pouvons associer un opérateur elliptique dégénéré du second ordre L. De plus, à condition de se restreindre à un ouvert partout dense, cet opérateur possède des coefficients réguliers et il est unique à un facteur de proportionnalité près.

Au paragraphe III, après avoir mis l'opérateur L sous la forme suivante

$$Lu = \sum X_i^2 u + Yu + au \quad ,$$

où les X_i et Y sont des opérateurs différentiels homogénes du premier ordre, nous abordons les relations entre axiomes de convergence et la structure de L . Pour que l'axiomatique vérifie l'axiome de Brelot (resp. l'axiome de Doob) , il est nécessaire que l'algèbre de Lie engendrée par les X_i (resp. par les X_i et Y) soit de rang n en tout point d'un ouvert dense.

Nous démontrons en outre que la régularité de toutes les fonctions harmoniques entraine un axiome de convergence faible et la propriété ci-dessus pour l'algèbre de Lie engendrée par les X_i et Y . Enfin, nous pouvons caractériser entièrement les axiomatiques invariantes par translations à l'aide d'opérateurs à coefficients constants.

Au paragraphe IV, nous montrons que la condition nécessaire (sur un ouvert dense) pour que l'axiome de Doob soit réalisé est également suffisante. Nous utilisons pour cela un théorème de Hörmander qui assure que toutes les solutions sont C^∞ . Nous montrons l'existence d'une base d'ouverts réguliers et construisons les fonctions de Green.

La condition presque nécessaire trouvée pour que l'axiome de Brelot soit valable est aussi suffisante, comme nous le montrons au paragraphe suivant. Nous le démontrons comme conséquence d'un principe du maximum précisé pour les opérateurs elliptiques degénérés.

Nous terminons par des résultats associant encore des axiomatiques de Brelot à des opérateurs différentiels, mais dans un cadre très différent. Alors que nous étudions jusqu'ici des opérateurs dégénérés à coefficients C^{∞}, nous nous intéressons désormais à des opérateurs elliptiques à coefficients peu réguliers. Nous rappelons d'abord les résultats de De Giorgi-Moser-Stampacchia-Mme Hervé, sous les opérateurs mis sous forme de divergence à coefficients discontinus, puis nous donnons quelques rérultats sur les opérateurs sous forme non variationnelle.

Nous utilisons très peu de résultats sur les théories axiomatiques. Il faut toutefois remarquer que c'est l'un des buts de ce travail de pouvoir appliquer ces résultats à de nouveaux opérateurs. Nous renvoyons à [12] pour une étude de l'axiomatique de Brelot, à [3] pour celle de Bauer, et à [2] , [5] pour des axiomatiques plus faibles.

Nous avons déja publié dans [6] l'essentiel des trois premiers paragraphes, mais sous une forme moins précise et avec une hypothèse un peu trop restrictive. Les résultats des paragraphes IV et V annoncés dans [8] , [9] feront partie de [11] . Nous nous sommes permis d de renvoyer à l'un ou l'autre de ces articles pour quelques démonstrations d'un caractère technique . Enfin , on trouvera au chapitre VI quelques indications sur a volumineuse bibliographie qui s'y rapporte.

J. M. Bony

I. Opérateur différentiel associé à une axiomatique

En désignant par Ω un ouvert connexe de R^n, nous appellerons axiomatique de théorie du potentiel sur Ω la donnée pour tout ouvert U inclus dans Ω, d'un espace vectoriel H(U) de fonctions continues dans U (dites harmoniques dans U) vérifiant les propriétés suivantes :

1. (Axiome 1) $\underline{H}$ est une faisceau.
2. (Axiome 2) Les ouverts réguliers forment une base de la topologie de Ω.
3. Les fonctions constantes sont harmoniques.

Rappelons qu'un ouvert ω relativement compact dans Ω est dit régulier si pour toute fonction f continue sur $\partial\omega$, il existe une et une seule fonction $H^{\omega}f$ continue sur ω, harmonique dans ω et égale à f sur $\partial\omega$, et si de plus, $H^{\omega}f$ est positive dès que f l'est.

L'application qui à f fait correspondre $H^{\omega}f(x)$, pour x appartenant à ω, définit une mesure de Radon ρ_x sur $\partial\omega$ positive et de masse 1. Cette mesure est appelée mesure harmonique du point x.

$$H^{\omega}f(x) = \int f(y)\,\rho_x(dy)$$

Proposition 1.1. - Une limite uniforme sur tout compact de fonctions harmoniques dans un ouvert U est harmonique.

En passant à la limite dans l'intégrale ci-dessus, on obtient que la fonction limite est harmonique dans tout ouvert régulier contenu dans U, et donc dans U.

Proposition 1.2. - Si une fonction u est harmonique dans un ouvert U elle ne peut y atteindre de maximum local strict.

En effet, si elle atteignait un maximum local strict en x, on pourrait trouver un ouvert régulier ω contenant x et assez petit pour que, en tout point y de $\partial\omega$, on ait $u(y) < u(x)$. Cela est impossible car on doit avoir

$$u(x) = \int u(y)\, \rho_x(dy) \quad .$$

Definition 1.1. - Un opérateur différentiel du second ordre L :

$$Lu(x) = \sum a_{ij}(x)\, u''_{ij}(x) + \sum a_i(x)\, u'_i(x) + a(x)\; u(x)$$

sera dit elliptique dégénéré (e.d. en abrégé) si pour chaque x, la forme quadratique $(a_{ij}(x))$ est positive [1].

L sera dit elliptique non totalement dégénéré (e.n.t.d. en abrégé) si de plus, pour chaque x, l'un au moins des $a_{ij}(x)$ est non nul.

Enfin, L est elliptique si, pour tout x, la forme quadratique $(a_{ij}(x))$ est définie positive.

Proposition 1.3. - Soit L un opérateur e.d. tel que l'on ait $a(x) \leq 0$. Si une fonction u de classe C^2 atteint un maximum local positif en un point x, on a $Lu(x) \leq 0$.

En effet, la forme quadratique $(u''_{ij}(x))$ est négative, d'où l'on déduit que $\sum a_{ij}(x) u''_{ij}(x)$ est négatif. De plus, on a $u'_i(x) = 0$, et $u(x) \geq 0$, ce qui prouve le résultat.

Le théorème suivant montre que les fonctions harmoniques de classe C^2 sont solutions d'un opérateur e.n.t.d. défini dans tout Ω, mais dont les coefficients sont a priori discontinus.

---

1) Nous identifierons constamment une forme quadratique sur R^n à une matrice symétrique.

Theorème 1.1. - Soit $\underline{H}$ une axiomatique de théorie du potentiel sur Ω. Il existe alors un opérateur e.n.t.d. L dans Ω tel que, pour toute fonction harmonique et de classe C^2 dans un sous-ouvert de Ω, on y ait $Lu=0$.

Nous utiliserons le lemme suivant

Lemme. - Soit (a_{ij}) une forme quadratique telle que, pour toute forme quadratique (p_{ij}) positive, on ait

$$\sum_{i,j} a_{ij} p_{ij} \geq 0 .$$

Alors, la forme quadratique (a_{ij}) est positive.

La quantité $\sum a_{ij} p_{ij}$ n'est autre que la trace du produit des matrices (a_{ij}) et (p_{ij}) qui est invariante par changement de base. En diagonalisant la matrice (a_{ij}) à l'aide d'un changement de repère orthonormal, il devient alors évident que ses termes diagonaux doivent être positifs, ce qui démontre le lemme.

Dèmonstration du théorème 1.1.

1.- Considérons l'espace vectoriel Q des formes quadratiques, muni du produit scalaire $\sum a_{ij} b_{ij}$. Soit Q^+ le cône convexe des formes quadratiques positives et $\overset{\circ}{Q}{}^+$ son intérieur : ensemble des formes quadratiques définies positives.

Soit M le sous-espace vectoriel constitué des formes quadratiques $(u''_{ij}(x))$ où x est fixé, et où u parcourt l'ensemble des fonctions de classe C^2, harmoniques au voisinage de x, et dont la différentielle est nulle en x. Cet espace vectoriel est disjoint de $\overset{\circ}{Q}{}^+$. En effet, si une fonction harmonique était telle que $u'_i(x) = 0$ et si $(u''_{ij}(x))$ était définie positive, la fonction u atteindrait en x un minimum relatif strict, ce qui contredit la proposition 1.1.

Il existe donc un hyperplan contenant M et dishoint de $\overset{\circ}{Q}^{+}$
Si (a_{ij}) est orthogonal à cet hyperplan , non nul , et du même côté que Q^{+} , on a donc

$$\sum a_{ij}\, u''_{ij}(x) = 0 \qquad \text{pour} \quad (u''_{ij}(x)) \in M$$

et

$$\sum a_{ij} p_{ij} \geq 0 \qquad \text{pour} \quad (p_{ij}) \in Q^{+}$$

La forme quadratique (a_{ij}) est non nulle, et d'après le meme, elle est positive.

2. - L'ensemble des différentielles du(x) , lorsque u parcourt l'ensemble des fonctions de classe C^2 harmoniques au voisinage de x , constitue un sous-espace vectoriel . Choisissons-en une base $du_1(x), \dots, du_p(x)$, où les u_k sont de classe C^2 et harmoniques au voisinage de x Toute fonction u harmonique et de classe C^2 au voisinage de x peut alors s'écrire

$$u(y) = \sum_{k=1}^{p} \left(\sum_{i=1}^{n} \alpha_{ki} \frac{\partial u}{\partial x_i}(x) \right) u_k(y) + v(y)$$

avec dv(x) = 0 , les coefficients α_{ki} ne dépendant que des u_k .
De la relation suivante

$$\sum a_{ij} v''_{ij}(x) = 0 \quad ,$$

on déduit que pour toute fonction u , harmonique et de classe C^2 au voisinage de x , on a

$$\sum a_{ij}\, u''_{ij}(x) + \sum a_i\, u'_i(x) = 0 \ .$$

En choisissant pour chaque x les $a_{ij}(x)$ et $a_i(x)$ comme ci-dessus, on définit l'opérateur e.n.t.d. L .

Remarque. - L'opérateur L obtenu ci-dessus est tel que $a(x)=0$. Cela provient du fait que l'on a supposé, uniquement pour des raisons de commodité, que les fonctions constantes sont harmoniques. Dans le cas général , la démonstration précédente s'appliquerait aux fonctions u harmoniques, de classe C^2 et nulles en x . Le passage aux fonctions u générales fait apparaitre un terme en $a(x)\,u(x)$.

Il est impossible en genéral d'obtenir un opérateur L à coefficiants continus. Considérons en effet, sur R , une fonction réelle f de classe C^∞ et strictement croissante. Les fonctions

$$u(x) = af(x) + b$$

où a et b sont des constantes constituent une axiomatique de Brelot. En tout point x où $f'(x)$ n'est pas nul , les fonctions u vérifient l'unique équation

$$u''(x) - \frac{f''(x)}{f'(x)}\, u(x) = 0 \ .$$

En tout point x où $f'(x)$ est nul, elles vérifient les équations

$$u''(x) - cu'(x) = 0 \ .$$

Enfin; lorsque x tend vers x_o , avec $f'(x_o) = 0$, le rapport $f''(x)/f'(x)$ n'est pas borné . Les opérateurs L sont donc necessairement discontinus en x_o. Or pour tout fermé d'intérieur vide de R , on peut construire une fonction de classe C^∞ strictement croissante et dont la dérivée s'annule sur ce fermé. Le résultat suivant est donc en un certain sens le meilleur possible.

Théorème 1.2. - Soit H une axiomatique de théorie du potentiel sur Ω . il existe alors un ouvert Ω_o dense dans Ω , et un opérateur L , e.n.t.d. , à coefficients de classe C^k (C^∞ , analytiques), défini dans Ω_o , tel que pour toute fonction u harmonique et de classe C^{k+2}(C^∞ , analytique) dans un sous-ouvert de Ω_o , on ait $Lu=0$.

La démonstration de ce théorème est assez longue et repose essentiellement sur le résultat suivant: si une famille d'inéquations algébriques, dont les coefficients sont fonctions de classe C^k d'un paramètre x , possède une solution pour chaque valeur de x , il est alors possible de trouver un ouvert dense et pour tout x appartenant à cet ouvert une solution du système qui soit fonction de classe C^k de x . On applique ce résultat aux inconnues (a_{ij}, a_i) les inéquations algébriques exprimant d'une part que la forme quadratique (a_{ij}) est positive, d'autre part que l'on a que l'on a

$$\sum a_{ij}u''_{ij}(x) + \sum a_i u'_i(x) = 0$$

Nous renvoyons à [6] pour une démonstration complète.

Remarque. - Ce théorème est de peu de portee s'il n'existe pas suffisamment de fonctions harmoniques régulières . Il se pourrait même que l'on puisse trouver un opérateur L à coefficients C^∞ tel que Lu soit nul pour les fonctions u harmoniques et de classe C^∞ et ne le soit plus nécessairement pour les fonctions harmoniques de classe C^2. Le theorème 1.2. ne possède d'applications intéressantes que sous des hypothèses du type suivant.

Definition 1.1. - On dit que l'axiomatique H contient suffisamment de fonctions de classe C^{k+2} (resp. C^∞ ; analytiques) si, pour tout compact K , et pour toute fonction u harmoniques au voisinage de K, il existe une suite de fonctions u_n de classe C^{k+2} (resp. C^∞ ; analytiques) et harmoniques au voisinage de K telle que u_n converge vers u uniformément sur K .

Le plus souvent, il suffira de faire cette hypothèse localement. Nous montrerons plus loin que ce type d'hypothèses garantit l'unicité de L . Nous pouvons déja montrer le résultat suivant.

Corollaire. - Soit $\underline{H}$ une axiomatique de théorie du potentiel contenant suffisamment de fonctions C^∞. Il existe alors un ouvert dense dans lequel est défini un opérateur L , e.n.t.d. , à coefficients C^∞, tel que pour toute fonction u harmonique de classe C^2 , on ait Lu=0 . Pour toute fonction harmonique, on a même Lu=0 au sens des distributions.

En effet, l'opérateur L étant fourni par le théorème 1.2., considérons une fonction harmonique u quelconque. On peut l'approcher au voisinage de chaque point par une suite u_n , convergeant uniformément et donc aussi au sens des distributions. On a donc à la limite Lu=0 su sens des distributions. En particulier, si u est de classe C^2 , on a Lu=0 au sens usuel.

II. Unicité de l'opérateur différentiel associé à une axiomatique.

Nous démontrons d'abord deux lemmes qui permettront de démontrer les diverses formes du principe du maximum que nous aurons à utiliser par la suite. On désigne toujours par L un opérateur elliptique dégénéré à coefficients continus, vérifiant de plus $a(x)=L1(x) \leq 0$.

Lemme 2.1. - Etant donnés deux points x_o et x_1, on suppose que l'on a

$$\alpha = \sum a_{ij}(x_1)\,(x_1^i - x_o^i)(x_1^j - x_o^j) > 0$$

Alors, pour c assez grand, la fonction v définie par

$$v(x) = e^{-c|x-x_o|^2} - e^{-c|x_1-x_o|^2},$$

est telle que l'on a $Lv(x) > 0$, pour x voisin de x_1

Ce résultat est immédiat, on a en effet :

$$Lv(x_1) = e^{-c|x_1-x_o|^2}\left[4c^2\alpha - 2c\sum(a_{ii} + a_i(x_1^i - x_o^i))\right]$$

Pour c assez grand Lv est strictement positif en x_1, et donc aussi dans un voisinage convenable.

Lemme 2.2. - Soit u une fonction de classe C^2 vérifiant $Lu \geq 0$ dans un ouvert. Supposons que u y atteigne son maximum et que celui-ci soit positif. Soit F l'ensemble des points où ce maximum est atteint. Pour toute boule fermée ne rencontrant F

qu'en un seul point, si on appelle x_o le centre et x_1 le point de contact, on a

$$\alpha = \sum a_{ij}(x_1)(x_1^i - x_o^i)(x_1^j - x_o^j) = 0$$

En effet, dans le cas contraire, on pourrait construire la fonction v du lemme précédent . Soit alors

$$w(x) = u(x) + \varepsilon v(x)$$

où ε est strictement positif et assez petit. Dans un voisinage V de x_1 , on a $Lw > 0$. D'autre part, si m désigne le maximum de u , on a $w(x_1) = m$. Enfin, sur la partie du bord de V située hors de la boule , on a $w(x) < m$ car v y est négatif, et, sur la partie du bord de V située dans la boule, on a $w(x) < m$ si ε est assez petit, par raison de compacité. Il en résulte que w atteint un maximum relatif en un point de V et que, en ce point on a $Lw > 0$, ce qui contredit la proposition 1.3.

Théorème 2.1. - Soit L un opérateur e.n.t.d. tel que $a(x) = L1(x) \leq 0$. Soit ω un ouvert assez petit, et soit u une fonction de classe C^2 dans ω , continue dans $\bar{\omega}$ et vérifiant $Lu \geq 0$ dans ω . Alors, si le maximum de u est positif, il est atteint au bord.

Ce résultat sera vrai pour tout ouvert ω vérifiant la propriété suivante: il existe un vecteur z tel que, en tout point x de ω, on ait $\sum a_{ij}(x)z_i z_j > 0$. L'opérateur étant e.n.t.d. , tout ouvert assez petit possède cette propriété.

Soit alors K l'ensemble des points où u atteint son maximum positif. S'il est disjoint de $\partial\omega$, il existe un point x de ω où K possède un hyperplan d'appui orthogonal à z. En construisant une boule tangente en x à cet hyperplan, on obtient une contradiction avec le lemme 2.2.

Nous pouvons maintenant, dans le cas où une axiomatique contient suffisamment de fonctions régulières, caractériser les fonctions harmoniques et surharmoniques à l'aide de l'opérateur différentiel associé, et en déduire que celui-ci est unique. Cela n'est toutefois possible que dans un ouvert partout dense, un contre-exemple simple montrant qu'on ne peut espérer des résultats de ce type dans l'ouvert tout entier.

Théorème 2.2. - Supposons que $\underline{H}$ contienne suffisamment de fonctions de classe C^2, et soit L, e.n.t.d., défini dans un ouvert dense Ω_o tel que l'on ait $Lu=0$ pour toute fonction harmonique u de classe C^2, définie dans un sous ouvert de Ω_o. Alors, pour qu'une fonction u de classe C^2 définie dans un sous-ouvert de Ω_o soit harmonique (resp. localement surharmonique), il faut et il suffit que l'on ait $Lu=0$ (resp. $Lu \leq 0$).

Soit u de classe C^2 vérifiant $Lu \leq 0$. Soit ω un ouvert régulier assez petit pour qu'on puisse lui appliquer le théorème 2.1. Nous allons montrer que l'on a $u \geq H^\omega u$ dans ω. Pour cela, choisissons un ouvert ω_1, dont l'adhérence est contenue dans ω, et suffisamment grand pour que l'on ait $|u(x)-H^\omega u(x)| \leq \varepsilon$, lorsque x parcourt le bord de ω_1. Soit d'autre part une fonction v harmonique et de classe C^2 telle que l'on ait $|v(x)-H^{\omega}u(x)| \leq \varepsilon$ lorsque x parcourt $\bar{\omega}_1$. On a $L(v-u) \geq 0$, et donc, si la fonction $u-v$ atteint un minimum négatif, celui-ci est atteint au bord de ω_1. On a donc $u(x)-v(x) \geq -2\varepsilon$ dans ω_1, et

$$u(x) \geq H^{\omega}u(x) - 3\varepsilon \text{ dans } \omega_1 .$$

Cela étant vrai quel que soit $\varepsilon > 0$, et pour ω_1 assez grand dans ω, on a donc $u \geq H^{\omega}u$, et cela dans tout ouvert régulier assez petit. La fonction u est donc localement surharmonique.

Si u de classe C^2 vérifie $Lu=0$, le raisonnement précédent appliqué à u et à $-u$ montre que u est localement harmonique et donc harmonique.

Soit enfin une fonction surharmonique de classe C^2 et montrons que l'on a nécessairement $Lu = 0$. En effet, dans le cas contraire, on aurait $Lu > 0$ en un point et donc aussi au voisinage de ce point. D'après ce qui précède, u serait localement sousharmonique dans ce voisinage et y serait donc harmonique. Cela exigerait $Lu=0$, ce qui est impossible.

<u>Remarque</u>. - Les axiomes que nous avons choisis ne permettent pas d'établir que la surharmonicité est une propriété locale. Il suffit toutefois d'un axiome supplémentaire très faible (axiome T de Bauer, voir [2]) pour que cette propriété soit vérifiée. Cela a lieu dans toutes les axiomatiques existant dans la littérature.

Théorème 2.3. - Supposons que $\underline{H}$ contienne suffisamment de fonctions de classe C^2. Soient L et M deux opérateurs e.n.t.d., à coefficients continus, définis dans un ouvert dense Ω_0, et tels que pour toute fonction harmonique de classe C^2 dans un sous-ouvert

de Ω_o , on ait $Lu=Mu=0$. Il existe alors une fonction f continue, telle que l'on ait $M = fL$.

En tout point x de Ω_o, si une fonction u, de classe C^2 , vérifie $Lu(x) < 0$, on a $Lu(y) < 0$ au voisinage. D'après le théorème précédent, la fonction u est donc surharmonique dans un voisinage de x et on a donc $Mu(x) \leq 0$. En appliquant ce résultat aux fonctions suivants:

$$u(y) = \sum p_{ij}(y^i-x^i)(y^j-x^j) + \sum p_i(y^i-x^i) \quad ,$$

où (p_{ij}, p_i) parcourt un espace vectoriel V de dimension $\frac{n(n+1)}{2} +$ $+ n$, on obtient que

$$2 \sum_{1 \leqslant i \leqslant j \leqslant n} a_{ij}(x)p_{ij} + a_i(x)p_i < 0$$

implique

$$2 \sum_{1 \leqslant i \leqslant j \leqslant n} b_{ij}(x)p_{ij} + b_i(x)p_i \leqslant 0 \ .$$

En munissant V d'un produit scalaire évident, et avec des notations non moins évidentes, on a $(A_x, P) < 0 \Longrightarrow (B_x, P) \leqq 0$. Il en résulte que A_x et B_x sont colinéaires, le coefficient de proportionnalité f(x) étant non nul (car M est e.n.t.d.) , et variant avec x de manière continue.

Remarque. - Reprenons l'exemple du paragraphe précédent. Soit $\underline{H}$ l'axiomatique de Brelot consituée des fonctions définies sur R , de la forme $af(x)+b$, où $f(x) = x^3$. Soit $\underline{K}$, l'axiomatique du même type, mais avec f(x) égal à x^3 pour x négatif et égal à $2x^3$ pour x positif. A ces deux axiomatiques différentes est associé le même opérateur $Lu(x) =$

$= u''(x) + \frac{2}{x} u'(x)$. En outre, à l'origine, les mêmes relations $u''(0)+cu'(0)$ sont satisfaites. L'opérateur L ne peut caractériser les fonctions harmoniques que dans un ouvert disjoint de 0 .

III. Axiomes de convergence et forme des opérateurs associés

Dans le cas où $\underline{H}$ contient suffisamment de fonctions de classe C^{∞} , nous avons vu que l'on peut lui associer, dans un ouvert dense, un opérateur différentiel à coefficients de classe C^{∞} . Nous allons décomposer cet opérateur en "somme de carrés d'opérateurs du premier ordre" , et montrer les liens étroits entre la nature de l'algèbre de Lie engendrée par ces opérateurs et les axiomes de convergence vérifiés par $\underline{H}$.

Nous identifierons complètement un opérateur différentiel linéaire homogène du premier ordre

$$Xu(x) = \alpha_1(x)u'_1(x)+\dots+\alpha_n(x)u'_n(x) ,$$

avec le champ de vecteurs de composantes $(\alpha_1(x), \dots, \alpha_n(x))$.

Soit maintenant L un opérateur e.n.t.d. , à coefficients C^{∞} . En chaque point x , la forme quadratique $(a_{ij}(x))$ peut se décomposer en somme de carrés de formes linéaires indépendantes. Le nombre de ces carrés est une fonction de x , semi-continue inférieurement et à valeurs entières. Il est donc localement constant sur un ouvert dense. Dans cet ouvert, il est alors possible de décomposer $(a_{ij}(x))$ sous la forme suivante

$$a_{ij}(x) = \sum_{k=1}^{r} \alpha_i^k(x)\alpha_j^k(x) \quad ,$$

en choisissant les α_i^k fonctions de classe C^∞ de x. Si l'on désigne par X_k le champ de vecteurs de composantes $(\alpha_i^k(x))$, l'opérateur L ne diffère de l'opérateur $\sum X_k^2$ que par des termes d'ordre 1 . On peut donc énoncer le résultat suivant :

Théorème 3.1. - Supposons que $\underline{H}$ contienne suffisamment de fonctions C^∞. Il existe alors un ouvert dense Ω_o et des champs de vecteurs $X_1, \dots, X_r$ et Y , définis et de classe C^∞ dans Ω_o , tels que, pour toute fonction u harmonique et de classe C^2 dans un sous-ouvert de Ω_o , on ait

$$Lu = \sum_{k=1}^{r} X_k^2 u + Yu + au = 0 \quad .$$

Nous avons même vu que pour toute u harmonique, on a Lu=0 au sens des distributions.

Rappelons que le crochet de deux champs de vecteurs X et Y , est le champ de vecteurs défini par la relation suivante

$$[X, Y]\, u = Y(Xu) - X(Yu)$$

Nous introduisons la notation suivante

Définition 3.1. - Etant donnés des champs de vecteurs : $X_1, X_2, \dots$, nous désignerons par $\mathcal{L}(X_1, X_2, \dots)$ l'algèbre de Lie engendrée par $X_1, X_2, \dots$, c'est à dire le plus petit C^∞-module, stable par l'opération crochet et contenant $X_1, X_2, \dots$.

Les éléments de $\mathcal{L}(X_1, X_2, \dots)$ sont les champs de vecteurs qui peuvent s'écrire comme somme finie de termes de la forme

$$\lambda(x)\left[X_{i_1},\left[X_{i_2},\ldots,\left[X_{i_{k-1}},X_{i_k}\right]\right]\right]$$

où λ est de classe C^∞ .

Le rang de $\mathcal{L}(X_1,X_2,\ldots)$ en un point x est la dimension de l'espace vectoriel constitué par les vecteurs $Z(x)$ lorsque Z parcourt $\mathcal{L}(X_1,X_2,\ldots)$. Si ce rang est constant au voisinage d'un point , le théorème de Frobenius affirme que l'on peut trouver des coordonnées locales $y_1,y_2,\ldots,y_n$ telles que $\mathcal{L}(X_1,X_2,\ldots)$ soit identique à l'ensemble des champs de vecteurs donc les composantes suivant $y_{p+1},\ldots,y_n$ sont nulles. Si ce rang est constamment égal à n , tout champ de vecteurs appartient à $\mathcal{L}(X_1,X_2,\ldots)$

Proposition 3.1. - Si l'opérateur L est mis sous la forme du théorème 3.1. , il existe un ouvert dense où les rangs de $\mathcal{L}(X_1,\ldots,X_r)$ et de $\mathcal{L}(X_1,\ldots,X_r,Y)$ sont localement constants.

En effet , chacun de ces rangs est une fonction semi-continue inférieurement de x et à valeurs entières.

Nous allons maintenant énoncer les trois axiomes de convergence que nous aurons à considérer. Le premier caractérise les axiomatiques de Brelot, le second, joint à un axiome de séparation, caractérise les axiomatiques de Bauer

Axiome de Brelot: Pour toute famille (u_i) filtrante croissante de fonctions harmoniques dans un ouvert connexe ω , si $\sup u_i$ est fini en un point, la fonction $u=\sup u_i$ est finie et harmonique dans ω .

Cette propriété est équivalente à la suivante (axiome de Harnack):

pour tout couple de points x et y de l'ouvert connexe ω , il existe une constance C telle que, pour toute fonction u positive et harmonique dans ω , on ait $u(y) \leq Cu(x)$. Il est facile de voir que cette dernière propriété entraine l'axiome de Brelot, la réciproque est due .à Mokobodzki (voir [19] ou [12]) .

Axiome de Doob: Pour toute famille (u_i) filtrante croissante de fonctions harmoniques dans un ouvert ω , si $\sup u_i$ est fini sur un ensemble dense, la fonction $u = \sup u_i$ est finie et harmonique dans ω .

Axiome faible (axiome K_1 de Bauer) : Pour toute famille (u_i) filtrante croissante de fonctions harmoniques dans un ouvert ω , si les u_i sont uniformément majorées, la fonction $u = \sup u_i$ est finie et harmonique dans ω .

Cette propriété est équivalente à la propriété suivante (voir [19]): toute famille de fonctions harmoniques uniformément majorée est équicontinue. C'est sous cette dernière forme que nous aurons à l'utuliser .

Théorème 3.2 - Supposons que $\underline{H}$ contienne suffisamment de fonctions de classe C^∞ , et soit L l'opérateur associé mis sous la forme du théorème 3.1.

a) Si $\underline{H}$ vérifie l'axiome faible, $\mathcal{L}(X_1, \dots, X_r, Y)$ est de rang n sur un ouvert dense.

b) Si $\underline{H}$ vérifie l'axiome de Brelot, $\mathcal{L}(X_1, \dots, X_r)$ est de rang n sur un ouvert dense.

D'après la proposition 3.1. , au voisinage de chaque point d'un ouvert dense, les rangs de $\mathcal{L}(X_1, \dots, X_r)$ et de $\mathcal{L}(X_1, \dots, X_r, Y)$

soient constants. Soient p et q leurs valeurs respectives. Soient alors $y_1, \dots, y_n$ des coordonnées locales telles que les composantes des X_i selon $y_{p+1}, \dots, y_n$ et que les composantes de Y selon $y_{q+1}, \dots, y_n$ soient nulles. L'opérateur s'écrit alors

$$Lu = \sum_{i,j=1}^{p} b_{ij} \frac{\partial^2 u}{\partial y_i \partial y_j} + \sum_{i=1}^{q} b_i \frac{\partial u}{\partial y_i}$$

Si on a $q < n$, toute fonction u de classe C^2 et ne dépendant que de y_n est harmonique d'après le théorème 2.2. Celles de ces fonctions qui sont majorées par 1 constituent un ensemble borné de fonctions harmoniques qui n'est pas équicontinu. L'axiome faible n'est donc pas vérifié.

Supposons maintenant que l'on ait $p < n$. En changeant au besoin y_n en $-y_n$, on peut trouver un petit ouvert connexe dans lequel on ait $b_n \leq 0$. On peut également supposer que cet ouvert contient l'origine des nouvelles coordonnées. Considérons la fonction v égale à 0 pour $y_n < 0$ et égale à y_n^3 pour $y_n \geq 0$. On a $Lv \leq 0$ et donc la fonction v est surharmonique. Mais ceci est impossible si $\underline{H}$ vérifie l'axiome de Brelot. En effet, dans ce cas, une fonction surharmonique positive dans un ouvert convexe et non identiquement nulle est en tout point strictement positive (voir [12])

Nous allons maintenant démontrer que si toutes les fonctions harmoniques sont régulières, l'axiome faible est nécessairement vérifié. C'est pourquoi nous avons préféré établir les théorèmes qui précèdent sous l'hypothèse qu'il existe suffisamment de fonctions surharmoniques, ce qui n'implique aucune propriété spéciale de l'axiomatique.

Théorème 3.3. - Supposons que toutes les fonctions harmoniques soient de classe C^1 (ou même localement höldériennes . Alors $\underline{H}$ vérifie l'axiome faible.

Pour tout ouvert ω , l'espace $\underline{H}(\omega)$ des fonctions harmoniques dans ω , muni de la convergence uniforme s tout compact est complet. En effet, une limite uniforme de fonctio s harmoniques est harmonique. Une limite de fonctions harmoniques, pour la convergence dans C^1 sur tout compact est a fortiori harmonique et , d'après l'hypothèse , de classe C^1 . Il en résulte que $\underline{H}(\omega)$ est un espace de Fréchet pour les deux topologies précédentes. D'après le théorème du graphe fermé, ces deux topologies coincident . Si un ensemble de fonctions harmoniques est uniformément borné, il est borné pour la topologie de la convergence uniforme, donc ses dérivées sont uniformément bornées, et cet ensemble est équicontinu.

Nous pouvons maintenant caractériser les axiomatiques qui sont invariantes par translations à l'aide de l'opérateur différentiel associé. La caractérisation est ici complète, alors que dans le cas général il est nécessaire de se restreindre à un ouvert dense .

Nous dirons que $\underline{H}$ est <u>invariante par translation</u> si toute fonction déduite par translation d'une fonction harmonique est elle-même harmonique.

Si $\underline{H}$ est invariante e par translations, elle contient suffisamment de fonctinns de classe C^∞ . Ce résultat s'obtient par un procédé classique de régularisation. Soit h une fonction de classe C^∞ , positive, à support compact, d'intégrale égale à 1 . Si u est une fonction harmonique, formons

$$u_{\varepsilon} = u * \left[\varepsilon^{-h} h\left(\frac{\cdot}{\varepsilon}\right)\right] .$$

Dans l'ouvert où elle est définie, u est harmonique car elle est limite de combinasion linéaires de translatées de u . D'autre part, les fonctions u_{ε} sont de classe C^{∞} et convergent uniformément vers u sur tout compact contenu dans le support de u .

Enfin , d'après le théorème 1.1., on peut trouver des a_{ij} et a_i tels que

$$\sum a_{ij} u''_{ij}(x_o) + \sum a_i u'_i(x_o) = 0$$

Mais, d'après l'invariance par translation, la relation ci-dessus est réalisée en rempacant le point x_o par un point x quelconque. On définit ainsi un opérateur e.n.t.d. à coefficients constants L tel qu'on ait Lu=0 pour toute fonction harmonique.

Théorème 3.4. - Soit $\underline{H}$ une axiomatique invariante par translations. Il existe un opérateur e.n.t.d. a coefficients constants L , unique à un facteur de proportionnalité près, tel que l'on ait Lu=0 pour toute fonction harmonique. De plus:

a) Les trois propriétes suivantes sont équivalentes: $\underline{H}$ vérifie l'axiome de Brelot; L est elliptique; les fonctions harmoniques sont analytiques.

b) Les cinq propriétés suivantes sont équivalentes : $\underline{H}$ vérifie l'axiome de Doob; $\underline{H}$ vérifie l'axiome faible; L est elliptique ou parabolique; les fonctions harmoniques sont C^{∞} ; les fonctions harmoniques sont de classe C^1 .

Il reste à prouver les parties a) et b) qui sont en fait des conséquences simples du théorème 3.2.. En effet, pour un opérateur à coefficients constants, les champs de vecteurs $X_1, \dots, X_r$ et Y sont également à coefficients constants, et leurs crochets sont nuls. La condition $\mathcal{L}(X_1, \dots, X_r)$ de rang n signifie alors que l'opérateur L est elliptique, tandis que la condition $\mathcal{L}(X_1, \dots, X_r, Y)$ de rang n exprime que L est parabolique. Les réciproques sont des propriétés bien connues des opérateurs à coefficients constants: les solutions d'un opérateur elliptique sont analytiques et vérifient l'axiome de Brelot; les solutions d'un opérateur parabolique sont de classe C^∞ sans être toutes analytiques et vérifient l'axiome de Doob .

IV. Probleme de Dirichlet et axiome de Doob

Dans ce paragraphe, L désigne un opérateur e.n.t.d. , défini dans un ouvert Ω , à coefficients C^∞ et puvent se décomposer sous la forme suivante :

$$Lu = \sum_1^n a_{ij} u''_{ij} + \sum_1^n a_i u'_i + au \quad \sum_1^r X_k^2 u + Yu + au$$

où les champs de vecteurs X_k et Y sont de classe C^∞.

Nous supposons en outre que l'on a $a(x) \leq a_o < 0$. Cette restriction n'est qu'apparente. En effet, les résultats que nous allons montrer sont purement locaux, et un argument classique permet toujours de se ramener à ce cas au voisinage de chaque point. Si on pose $v = u\left[1-M|x-x_o|^2\right]^{-1}$, l'équation satisfaite par v est

$$L_1 v = L\left[u(1-M|x-x_o|^2)\right]$$

et le terme d'ordre 0 de L_1 est strictement négatif dès que M est assez grand et x suffisamment voisin de x_o, ce que l'on constate immédiatement en développant la relation ci-dessus.

Nous allons montrer que la condition nécessaire que nous avions obtenue pour qu'une axiomatique saisfasse l'axiome de Doob est également suffisante. Sous la même hypothèse, nous montrerons d'abord l'existence d'une base d'ouverts réguliers. Ce dernier resultat peut être obtenu sous des hypothèses bien plus faible (voir [7]) mais les démonstrations en seront considérablement simplifiées.

Nous partons du résultat suivant, dû à Hörmander [17].

Théorème 4.1. - Supposons que $\mathcal{L}(X_1, \ldots, X_r, Y)$ soit de rang n en tout point. L'opérateur L est alors hypoelliptique, c'est-à-dire qu'une distribution u est de classe C^∞ dans tout ouvert où Lu est de classe C^∞.

Corollaire - Sous la condition du théorème précédent, sur l'espace des solutions de $Lu = 0$, la topologie de C^∞ coincide avec la topologie de la convergence dans L^1 sur tout compact pour la mesure de Lebesgue (et même avec la topologie des distributions).

En effet, toutes les solutions sont de classe C^∞, et une limite de solutions dans L^1 est encore une solution. Il en résulte que l'espace des solutions est un espace de Fréchet pour la topologie de C^∞ et pour la topologie de L^1 sur tout compact. Le théorème du graphe fermé permet de conclure. .

Définition 4.1. - Nous dirons qu'un ouvert ω est très régulier s'il possède la propriété suivante : pour tout point x_1 de $\partial\omega$, il existe une sphère, centrée en un point x_o, ne rencontrant $\bar{\omega}$ qu'au point x_1 et telle que l'on ait

$$\sum a_{ij}(x_1)(x_1^i - x_o^i)(x_1^j - x_o^j) > 0 \quad .$$

Théorème 4.2. - On suppose que $\mathcal{L}(X_1, \ldots, X_r, Y)$ est de rang n en tout point, et que ω est très régulier. Alors, pour toute fonction f continue sur $\bar{\omega}$, et pour toute fonction φ continue sur $\partial\omega$, il existe une et une seule fonction u continue sur $\bar{\omega}$ telle que

$$Lu = -f \quad \text{au sens des distributions dans } \omega$$
$$u = \varphi \quad \text{sur } \partial\omega \; .$$

Si f et φ sont positives, u l'est aussi. Si f est C^∞, u l'est aussi.

Corollaire - Pour le faisceau $\underline{H}$ des solutions de $Lu=0$, les ouverts très réguliers sont réguliers et forment une base de la topologie de Ω

En effet, le théorème précédent, appliqué lorsque $f=0$ montre l'existence, l'unicité et la positivité pour la résolution du problème de Dirichlet. Montrons que tout point z possède un système fondamental de voisinages très réguliers. L'opérateur L étant e.n.t.d. , il existe un vecteur unitaire p tel que l'on ait

$$\sum a_{ij}(z)\, p_i p_j > 0$$

L'intersection des deux boules de rayon $M+\varepsilon$, centrées respectivement aux points $z+Mp$ et $z-Mp$ est un ouvert très régulier, pourvu que M soit assez grand et ε assez petit.

Démonstration du théorème 4.2.

Montrons d'abord l'unicité. Si une fonction u vérifie $Lu=0$ et est nulle sur $\partial\omega$, d'après l'hypoellipticité, elle est de classe C^∞ . Si u atteignait un maximum strictement positif en un point x , on devrait avoir $Lu(x) < 0$. Il est donc impossible que u atteigne un maximum ou un minimum non nuls, et on a $u=0$.

Placons nous maintenant dans le cas où f est de classe C^∞ et où φ est nulle. Nous allons introduire les opérateurs elliptiques $L_\varepsilon = L+\varepsilon\Delta$. Soit u_ε la solution de

$$L_\varepsilon u = -f \quad \text{dans} \quad \omega \quad ; \quad u=0 \quad \text{sur} \quad \partial\omega .$$

Du principe du maximum (proposition 1.3) , on déduit facilement que l'on a

$$\|u_\varepsilon\| \leq \frac{\|f\|}{|a_o|}$$

en considérant le point où le maximum du module est atteint. Les fonctions u_ε ont donc une valeur d'adhérence faible u dans L^∞ et celle ci verefie $Lu_\varepsilon = -f$ au sens des distributions. D'après l'hypoellipticité, u est de classe C^∞, il reste à mont r que u est nulle au bord.

En tout point x_1 de $\partial\omega$, nous pouvons construire une fonction barrière, c'est à dire une fonction v telle qu'on ait

$$v \in C^2 \; ; \; Lv(x_1) < 0 \; ; \; v(x_1) = 0 \; ; \; v > 0 \text{ dans } \bar{\omega} > x_1 .$$

Il suffit de prendre la fonction $-v$ fournie par le lemme 2.1. le point x_o étant celui qui intervient dans la définition d'un ouvert trés régulier. Par continuité, on a $L_\varepsilon v \leq -c < 0$ dans un voisinage V de x_1 et pour tout ε assez petit.

Soit alors M assez grand pour que l'on ait

$$Mv \geq \frac{\|f\|}{|a_o|} \text{ dans } \omega \setminus V \; ; \; Mc \geq \|f\|$$

On a

$$L_\varepsilon (Mv \pm u_\varepsilon) \leq 0 \quad \text{dans} \quad V \cap \omega$$

et

$$Mv \pm u_\varepsilon \geq 0 \quad \text{au bord de} \quad V \cap \omega .$$

Il résulte du principe du maximum appliqué à $V\cap\omega$ que l'on a $|u_\varepsilon| \leq Mv$ et donc à la limite $|u| = Mv$. Il en résulte que $u(x)$ tend vers 0 lorsque x tend vers x_1.

Dans le cas où f et φ sont de classe C^∞, on se ramène au cas précédent de la façon suivante. Soit Φ une fonction de classe C^∞ dans $\bar{\omega}$ et coincidant avec φ sur $\partial\omega$. En posant $u = \Phi + w$, il suffit de prendre pour w la solution de $Lu = -f - L\Phi$ qui s'annule au bord. D'après le principe du maximum, si f et φ sont positives, u frest aussi. Cette positivité implique la continuité pour la convergence uniforme: si f et φ tendent uniformément vers 0, il en est de meme pour u.

Enfin, dans le cas général, si f et φ sont seulement continues, on peut les approcher par des suites (f_n) et (φ_n) de fonctions C^∞. Les solutions u_n associées convergent uniformément vers une fonction u. On a bien $Lu=0$ au sens des distributions et $u=\varphi$ au bord. Enfin, d'après l'hypoellipticité, si f est de classe C^∞, il en est de même pour u.

Sous les conditions du théorème précédent, nous introduisons les définitions suivantes:

Définition 4.2. - On appelle opérateur de Poisson l'opérateur positif H qui à φ continue sur $\partial\omega$ fait correspondre la solution $u=H\varphi$ de

$$Lu = 0 \quad \text{dans } \omega \;;\quad u = \varphi \quad \text{sur } \omega .$$

Définition 4.3 - On appelle opérateur de Green l'opérateur positif qui à f continue dans $\bar{\omega}$ fait correspondre la solution $u = Gf$ de

$$Lu = -f \quad \text{dans } \omega \;;\quad u = 0 \quad \text{sur } \partial\omega .$$

J.M. Bony

Nous nous bornons à donner quelques indications sur la démonstration du théorème suivant, en renvoyant à [11] pour une démonstration complète.

Théorème 4.3. - Il existe une fonction $g(x,y)$ (dite fonction de Green relative à l'opérateur L dans ω) positive et de classe C^∞ dans le complémentaire de la diagonale de $\omega \times \omega$ telle que, pour toute fonction f continue dans $\bar{\omega}$, on ait

$$Gf(x) = \int g(x,y)\, f(y)\, dy$$

Si on désigne par g^* la fonction de Green relative à l'opérateur L^* [1], on a $g(x,y) = g^*(y,x)$.

Pour chaque x l'application qui à f associe $Gf(x)$ est une forme linéaire positive et définit donc une mesure de Radon $g_x(dy)$. On voit facilement que l'on a $L^* g_x = -\delta_x$ au sens des distributions. Il résulte de l'hypoellipticité que g_x coincide avec une fonction $g(z,y)$ de classe C^∞ dans $\omega \setminus x$. On montre ensuite que g_x ne charge ni le point x ni la frontière de ω. On peut enfin prouver, en utilisant le théorème des noyaux de Schwartz que $g(x,y)$ est de classe C^∞ en x et y.

Théorème 4.4. - Supposons que $\mathcal{L}(X_1, \ldots, X_r, Y)$ soit en tout point de rang n. Pour tout compact K contenu dans Ω, pour tout ensemble D dense dans Ω, et pour tout entier p, il existe un nombre fini de points de D : $y_1, \ldots, y_m$ et une

---

[1] On désigne par L^* l'adjoint formel de L :

$$L^* u = \sum \frac{\partial^2}{\partial x_i \partial x_j}(a_{ij} u) + \sum \frac{\partial}{\partial x_i}(a_i u) + au$$

constante c tels que, pour toute fonction u positive dans Ω et vérifiant $Lu=0$, on ait

$$\sup_{x\in K, |\alpha| \leqslant p} \left| \frac{\partial^\alpha u}{\partial x^\alpha} \right| \leqslant c \left[u(y_1)+\ldots+u(y_m) \right]$$

Par compacite, on se ramène à démontrer la propriété suivante : pour tout point x_o de K, il existe un point y de D, un voisinage V de x_o et une constante c tels que

$$\sup_{x \in V, |\alpha| \leqslant p} \left| \frac{\partial^\alpha u}{\partial x^\alpha} \right| \leqslant c \ u(y) \ .$$

Pour $\beta > 0$, considerons l'opérateur $L-\beta$ et un ouvert très régulier ω contenant x_o et soit g_β la fonction de Green. Pour toute fonction v de classe C^∞, on a toujours

$$v = G_\beta \ (\beta - L)v + H_\beta \ (v|_{\partial \omega})$$

Pour une fonction u positive et vérifiant $Lu=0$, on obtient donc

$$u(x) \geqslant \beta \, G_\beta \ u(x) = \int_\omega g_\beta \ (x,y)u(y)dy \ .$$

Il est impossible que la fonction $g^*_\beta \ (x_o, .)$ soit identiquement nulle. Il existe donc un point y de D tel que l'on ait

$$g^*_\beta \ (x_o, y) = g_\beta \ (y, x_o) > c' > 0 \ .$$

L'inégalite ci-dessus est réalisée non seulement pour x_o, mais pour tous les points x appartenant à un voisinage W convenable de x_o, d'après la continuité de g_β. On a donc

$$u(y) \geqslant c'' \int_W u(x) \ dx$$

D'autre part, dans W , la topologie de la convergence dans L^1 sur tout compact coincide avec la topologie de C^∞ (corollaire du théorème 4.1.) . On a donc , si $V \subset \bar{V} \subset W$

$$\sup_{x \in V, |\alpha| \leq p} \frac{\partial^\alpha u}{\partial x^\alpha} \leq c''' \int_W u(x)dx$$

Le théorème résulte alors des inégalités précédentes.

Corollaire - Si $\mathcal{L}(X_1, \ldots, X_r, Y)$ est de rang n , soit $\underline{H}$ le faisceau des solutions de $Lu=0$. Alors $\underline{H}$ est une axiomatique de théorie du potentiel vérifiant l'axiome de Doob. De plus, $\underline{H}$ est une axiomatique de Bauer dans tout ouvert assez petit .

L'existence d'une base d'ouverts réguliers a déja été prouvée et l'axiome de Doob résulte immédiatement de la propriété établie ci-dessus.

En conclusion, on peut dire que les données suivantes sont presque équivalentes (le "presque" signifiant qu'il faut se restreindre le cas échéant à un ouvert dense):

- axiomatique contenant suffisamment de fonctions C^∞ et vérifiant l'axiome faible
- axiomatique contenant suffisamment de fonctions C^∞ et vérifiant l'axiome de Doob
- axiomatique contenant suffisamment de fonctions C^∞ et dont toutes les fonctions harmoniques sont de classe C^1
- axiomatique dont toutes les fonctions harminiques sont C^∞
- solutions d'un opérateur L tel que $\mathcal{L}(X_1, \ldots, X_r, Y)$ est de rang n en tout point.

Tout ceci a été démontré, à l'exception du fait que si le rang de $\mathcal{L}(X_1, \dots, X_r, Y)$ est de rang $p < n$ dans un ouvert, il y a des solutions aussi irrégulières qu'on le veut, ce qui résulte simplement du théorème de Frobenius.

V. Principe du maximum et axiome de Brelot

Dans ce paragraphe, nous allons établir des formes précisées du principe du maximum du type suivant; si une solution u de $Lu=0$ atteint son maximum en un point, ce maximum est aussi atteint sur un certain ensemble. Comme corollaire, nous obtiendrons que la condition nécessaire trouvée au paragraphe III pour que $\underline{H}$ vérifie l'axiome de Brelot est aussi suffisante, en démontrant d'abord que si u atteint son maximum en un point, elle est constante au voisinage.

Nous supposons toujours L mis sous la forme $\sum X_k^2 + Y + a$, avec $a \leqslant 0$.

Nous dirons qu'un <u>vecteur</u> p est <u>normal</u> à un ensemble fermé F en un de ses points x_1 s'il existe une boule ouverte contenue dans le complémentaire de F, telle que x_1

soit adhérent à cette boule, et que la normale en x_1 y soit proportionnelle à p . En réduisant au besoin le rayon de la boule, on peut supposer que x_1 est le seul point de F adhérent à la boule.

Nous dirons qu'un champ de vecteurs X est tangent à un fermé F si, pour tout point x de F , et tout vecteur p normal à F en x , les vecteurs p et X(x) sont orthogonaux.

Proposition 5.1. - Soit u une fonction de classe C^2 et vérifiant Lu=0 , et soit F l'ensemble des points où u atteint son maximum supposé positif. Alors , chacun des champs de vecteurs X_k est tangent à F .

Ce n'est qu'une autre formulation du lemme 2.2. , où la forme quadratique (a_{ij}) est décomposée en somme de carrés.

Théorème 5.1. - Soit X un champ de vecteurs lipschitzien tangent à un fermé F. Alors, tout courbe intégrale de X qui rencontre F en un point est entièrement contenue dans F .

Si la conclusion du théorème était fausse, on pourrait trouver une courbe x(t) vérifiant x'(t)=X(x(t)) rencontrant F et non contenue dans F et il exiterait un intervalle $[t_0, t_1]$ tel que

$$x(t_0) = x_0 \in F \quad \text{et} \quad x(t) \notin F \quad \text{pour} \quad t \in]t_0, t_1] .$$

Considérons la fonction (t) égale à la distance de x(t)

à F . Montrons que l'on a la relation suivante:

$$(1) \qquad \liminf_{h \to 0} \frac{\delta(t+h)-\delta(t)}{|h|} \geqslant -K\,\delta(t)$$

où la constante K ne dépend pas de t parcourant $]t_0, t_1]$.

Soit en effet h_n une suite tendant vers 0 et soient $x=x(t)$ et $x_n = x(t+h_n)$. Choisissons pour chaque n un point y_n qui soit l'une des projections de x_n sur F . En extrayant au besoin une sous-suite, onpeut supposer que y_n converge vers un point y et, nécessairement, y est une projection de x .
On a

$$\frac{1}{|h_n|}\left(\delta(t+h_n)-\delta(t)\right) \geqslant \frac{1}{|h_n|}\left(|y_n-x_n| - |y_n-x|\right)$$

et donc

$$\liminf \frac{\delta(t+h)-\delta(t)}{|h|} \geqslant -X(x)\,|\cos\alpha|$$

où α désigne l'angle des vecteurs X(x) et y-x . Par hypothèse, les vecteurs X(y) et y-x sont orthogonaux. D'autre part, X étant lipschitzien, l'angle des vecteurs X(y) et X(x) est majoré par une constante fois $\delta(x)$. Cela prouve la relation (1) .

La distance à un ensemble fermé étant lipschitzienne de rapport 1 , la fonction δ est lipschitzienne et donc dérivable presque partout. D'après la relation (1), on a donc presque partout

$$|\delta'(t)| \leq K\,\delta(t) \quad .$$

D'après un résultat classique, on a $\delta(t) \leq \delta(t_0)\, e^{K|t-t_0|}$

et donc ici $\delta(t) = 0$.

Proposition 5.2. - Soit Z un champ de vecteurs appartenant à $\mathcal{L}(X_1, \dots, X_r)$. Toute courbe intégrale de Z peut être approchée uniformément par des courbes différentiables par morceaux, dont chaque arc différentiable est une courbe intégrale de l'un des champs de vecteurs X_k.

Nous nous bornons à donner quelques indications sur la démonstration (voir [11]). On se ramène aux deux cas suivants :

$$Z = \lambda_1 X_1 + \lambda_2 X_2 \quad \text{et} \quad Z = [X_1, X_2]$$

Dans le second cas, par exemple, le résultat va provenir du fait suivant. On considère un point $x(t)$ qui pendant un petit intervalle de temps θ se déplace dans la direction de X_2 (c'est à dire que l'on a $x'(t)=X_2(x(t))$), puis qui se déplace dans la direction de X_1, puis de $-X_2$, puis de $-X_1$, toujours pendant des intervalles de temps θ. Un calcul simple montre que, à des termes d'ordre θ^3 près, le point $x(t)$ occupe la même position que s'il s'était déplacé dans la direction de $[X_1, X_2]$ pendant un intervalle de temps θ^2. On peut en déduire que, pour θ petit, en effectuant plusieurs fois de suite les quatre opérations ci-dessus, on obtient une courbe différentiable par morceaux qui approche la courbe intégrale de $[X_1, X_2]$ issue du meme point.

Théorème 5.2. - Soit u une fonction de classe C^2 vérifiant $Lu = 0$ et supposons qu'elle atteigne son maximum positif en un point x_o. Soit Z un élément de $\mathcal{L}(X_1, \dots, X_r)$ et soit C la courbe intégrale de Z issue de x_o. La fonction u atteint alors son maximum en tout point de C.

D'après la proposition 5.1., si on désigne par F l'ensemble des points où u atteint son maximum, chacun des X_k est tangent à F. Le théorème 5.1. permet de conclure que pour toute courbe intégrale de l'un des X_k, si le maximum de u est atteint en un point, il est atteint en tous les points de la courbe. Si maintenant C est une courbe intégrale de Z, on peut l'approcher par des courbes différentiables par morceaux qui, d'après ce qui précède sont entièrement contenues dans F, et donc à la limite, on a $C \subset F$.

Corollaire - Supposons que $\mathcal{L}(X_1, \ldots, X_r)$ soit en tout point de rang n. Soit u une fonction de classe C^2 vérifiant $Lu=0$ et atteignant son maximum positif en un point x_0. Alors, ce maximum est atteint en tout point de la composante connexe de x_0.

C'est une conséquence immédiate du théorème, puisque dans ce cas, tout champ de vecteurs appartient à l'algèbre de Lie engendrée par $X_1, \ldots, X_r$.

Le théorème 5.2. peut être complété par le résultat suivant (voir [11]) montrant le rôle du champ de vecteurs Y dans le principe du maximum. En particulier, on retrouve ainsi les résultats classiques pour les opérateurs paraboliques.

Si Z appartient à $\mathcal{L}(X_1, \ldots, X_r)$, si λ est une fonction positive, soit $x(t)$ vérifiant $x'(t) = Z(x(t)) + \lambda Y(x(t))$. Si u atteint un maximum positif en $x(t_0)$, elle l'atteint aussi en $x(t)$ pour $t \geq t_0$.

Ces résultats permettent d'obtenir par des méthodes classiques des renseignements précis sur le support de la mesure harmonique d'un point et sur la structure des ensembles absorbants. Par exemple, dans le cas où $\mathcal{L}(X_1, \ldots, X_r)$ est de rang n en tout point, si ω est un ouvert régulier et x un point de ω, la mesure harmonique du point x a pour support $\partial\omega$ tout entier. En effet, dans le cas contraire, il existerait une fonction φ non nulle et positive, telle que $H^{\omega}\varphi(x)$ soit égal à 0, ce qui contredit le corollaire du théorème 5.2.

Comme dans ce dernier cas, on sait déja que l'axiome de Doob est réalisé, il résulte d'un théorème de Bauer (voir [3]) que la propriété ci-dessus entraine l'axiome de Brelot. Nous l'établissons directement ici avec une forme précisée de l'inégalité de Harnack.

Théorème 5.3. - On suppose que $\mathcal{L}(X_1,\ldots,X_r)$ est de rang n en tout point. Soit ω un ouvert connexe. Alors, pour tout point y de ω, pour tout compact K contenu dans ω, pour tout entier p, il existe une constante c telle que pour toute fonction u positive et vérifiant $Lu=0$, on ait

$$\sup_{x\in K\,;|\alpha|\leqslant p} \left|\frac{\partial^{\alpha} u}{\partial x^{\alpha}}\right| \leqslant c\; u(y)\ .$$

Par un argument de compacité et de connexité, il suffit de démontrer la relation précédente lorsque y et K sont contenus dans un même ouvert très regulier. Si W est un voisinage de K, on a en reprenant la démonstration du théorème 4.4.

$$\sup_{x\in K;|\alpha|\leqslant p} \left|\frac{\partial^{\alpha} u}{\partial x^{\alpha}}\right| \leqslant c' \int_W u(x)dx\ .$$

D'autre part, la fonction $g_\beta(y,.)$ vérifie $L^*_\beta\, g_\beta(y,.)=0$ en dehors de y. C'est une fonction positive, et si elle s'annulait en un point, elle devrait s'annuler identiquement, ce qui est impossible.

Si on a choisi W relativement compact, la fonction g_β (y, x) est supérieute à une constante strictement positive lorsque x parcourt W. On a donc

$$u(y) \geqslant \beta G_\beta \, u \geqslant c'' \int_W u(x)dx \ .$$

Les deux inégalites précédentes permettent de conclure.

Corollaire - Si $\mathcal{L}(X_1, \dots, X_r)$ est de rang n en tout point, le faisceau H des solutions de Lu=0 est une axiomatique satisfaisant à l'axiome de Brelot.

Cela résulte des théorèmes du paragraphe précédent et du résutlat ci-dessus. Notons que la condition sur l'algèbre de Lie entraine que L est e.n.t.d.

En conclusion, on peut dire qu'il y a presque équivalence entre les données suivantes (le "presque" signifiant qu'il faut se restreindre le cas échéant à un ouvert dense).

-axiomatique contenant suffisamment de fonctions C^∞ et vérifiant l'axiome de Brelot

-axiomatique contenant suffisamment de fonctions C^∞ et telle que toute fonction harmonique atteignant un maximum positif en un point soit constante au voisinage de ce point

- solutions d'un opérateur L tel que $\mathcal{L}(X_1, \dots, X_r)$ soit de rang n en tout point .

Il n'existe pas ici de caractérisation en terme de régularite des fonctions harmoniques, mais on peut espérer une caractérisation à l'aide de la propriété suivante (quasi-analyticité) : toute fonction harmonique dans un ouvert connexe et nulle au voisinage d'un point est identiquement nulle. Nous avons pur obtenir les résultats suivants (voir [11]) :

- si H vérifie la propriété de quasi-analyticité, l'opérateur associé est tel que $\mathcal{L}(X_1, \ldots, X_r)$ est de rang n sur un ouvert dense.

- si L est tel que $\mathcal{L}(X_1, \ldots, X_r)$ soit de rang n sur un ouvert dense, et si les coéfficients de L sont analytiques, la propriété de quasi-analyticité est réalisée.

Nous ne savons pas démontrer un tel résultat dans le cas de coefficients C^∞.

VI. Axiomatiques de Brelot associées aux opérateurs elliptiques à coefficients peu réguliers.

Lorsqu'un opérateur L possède des coefficients assez réguliers (C^2 par exemple), il peut être mis indifféramment sous l'une des trois formes suivantes

(1) $$Lu = \sum a_{ij} u''_{ij} + \sum a_i u'_i + au$$

(2) $$Lu = \sum \frac{\partial}{\partial x_i}(a_{ij} u'_j) + \sum a_i u'_i + au$$

(3) $$Lu = \sum \frac{\partial^2}{\partial x_i \partial x_j}(a_{ij} u) + \sum \frac{\partial}{\partial x_i}(a_i u) + au$$

où les coefficients a_i et a diffèrent d'une forme à l'autre pour un même opérateur L, le passage d'une forme à l'autre se faisant à l'aide de la formule de la formule de dérivation d'un produit.

Lorsque les coefficients ne sont pas dérivables, la situation est très différente. Ces trois types d'opérateurs ont des propriétés distinctes qui ne se ramènent plus les unes aux autres. Il faut en particulier, dans chaque cas, définir la notion de "solution faible". Il semble que les opérateurs du troisième type aient été peu étudiés, nous nous intéresserons d'abord à ceux du type (2), puis à ceux du type (1).

Un simple coup d'oeil sur la littérature consacrée à ces sujets suffit pour se convaincre de l'impossibilité d'exposer en quelques pages autre chose que des énoncés de résultats. Nous nous bornerons à faire le minimum de théorie nécessaire à la compréhension de ces énoncés.

Définition 6.1. - Dans un ouvert Ω de R^n, on désigne par $W^{k,p}(\Omega)$ l'espace des fonctions qui appartiennent à $L^p(\Omega)$, ainsi que leurs dérivées partielles au sens des distributions jusqu'à l'ordre k (k entier positif, $1 \leq p \leq \infty$). On désigne par $W_o^{k,p}$ la fermeture, dans $W^{k,p}$ de l'ensemble des fonctions de classe C^∞ à support compact (pour la norme naturelle de $W^{k,p}$). On désigne par $W_{loc}^{k,p}(\Omega)$ l'espace des fonctions qui appartiennent à $W^{k,p}$ dans tout ouvert relativement compact dans Ω.

Si la frontière de Ω est assez régulière, les fonctions de $W^{1,p}$ possèdent une trace à la frontière, et $W_o^{1,p}$ n'est autre que l'ensemble des fonctions de $W^{1,p}$ dont la trace est nulle.

Le dual de $W_o^{k,p}(\Omega)$ s'identifie à l'espace $W^{-k,q}(\Omega)$ des

J.M. Bony

distributions qui sont sommes de dérivées d'ordre inférieur à k fonctions de L^q ($1 < p < \infty$; $1/p + 1/p = 1$)

1° - Opérateurs du type $Lu = \sum \frac{\partial}{\partial x_i} (a_{ij} \frac{\partial u}{\partial x_j})$

On suppose que les coefficients a_{ij} sont mesurables bornés, et que L est uniformément elliptique dans Ω , c'est-à--dire qu'il existe une constante positive λ telle que l'on ait pour tout vecteur p et pour presque tout x dans Ω :

$$\sum a_{ij}(x)\, p_i p_j \geq \lambda \, (\sum p_i^2)$$

L'opérateur L définit une application linéaire continue de $W^{1,2}$ dans $W^{-1,2}$ La résolution du problème de Dirichlet dans ces espaces (résolution variationnelle) est classique et repose sur des méthodes hilbertiennes. On peut d'ailleurs considérer cet aspect de la théorie comme une application des résultats de Beurling-Deny (la forme de Dirichlet étant $\int \sum a_{ij} u_i' u_j'$) .

Théorème 6.1. - Pour tout élément f de $W^{-1,2}(\Omega)$, il existe une et une seule fonction u appartenant à $W_o^{1,2}(\Omega)$ telle que l'on ait $Lu = -f$. De plus, pour une telle f , et pour toute fonction Φ appartenant à $W^{1,2}(\Omega)$, il existe une et une seule fonction u appartenant à $W^{1,2}(\Omega)$ telle que l'on ait

$$Lu = -f \quad \text{et} \quad u - \Phi \in W_o^{1,2} .$$

En effet, $W_o^{1,2}$ est un espace de Hilbert pour le produit scalaire

$$(u,v) = \int \sum a_{ij} u'_i u'_j$$

A la forme linéaire continue définie par f , on peut associer un et un seul élément Gf tel que

$$\forall v \in W_o^{1,2} , \quad \langle f, v \rangle = -(Gf, v)$$

L'égalité ci dessus signifie précisément que l'on a $LGf = -f$.

Si on se donne maintenant la fonction Φ, le problème se ramène à chercher $u - \Phi$ dans $W_o^{1,2}$ vérifiant $L(u-\Phi) = -f-L\Phi$, ce qui n'est autre que le cas précédent .

Nous avons ainsi défini un opérateur de Green G . Provisoirement, nous ne définirons l'opérateur de Poisson que dans un cas particulier. Supposons que la frontière de ω soit de classe C^1. Pour toute fonction φ de classe C^1 sur la frontière, nous pouvons trouver un prolongement en une fonction Φ de classe C^1 dans $\bar{\omega}$, et donc appartenant à $W^{1,2}(\omega)$. Dans ce cas, nous définissons H comme étant la fonction u vérifiant $Lu=0$, et telle que $u-\Phi$ appartienne à $W_o^{1,2}$, ce qui ne dépend pas du prolongement choisi. L'opérateur H est évidemment linéaire.

Ce qui précède n'utilisait que des techniques hilbertiennes. Les résultats qui suivent sont de démonstration beaucoup plus délicate, faisant appel aux propriétés fines de R^n : inégalités de Poincaré, de Sobolev, etc... Ces résultats sont dus à De Giorgi, Moser, Stampacchia, R.M. Hervé. Pour la bibliographie et pour les démonstrations, nous renvoyons le lecteur à [14] (dont nous nous inspirons largement ici) et à [23] .

Théormème 6.2. - Pour tout ouvert U , soit $\underline{H}(U)$ l'espace des fonctions appartenant à $W^{1,2}_{loc}(U)$. Alors $\underline{H}$ est une axiomatique de Brelot

Il est immédiat que $\underline{H}$ est un faisceau. Le fait que les solutions soient continues est du à De Giorgi qui montre même qu'elles sont localement höldériennes.

L'axiome de Brelot résulte d'un théorème de Moser: pour les fonctions positives vérifiant Lu=0 dans Ω , pour tout compact K contenu dans Ω , on a

$$\sup_{x \in K} u(x) \leq C(K) \inf_{x \in K} u(x)$$

L'existence d'une base d'ouverts réguliers est conséquence des résultats suivants

a) Pour les solutions de Lu=0 , la topologie de L^2 sur tout compact, coincide avec celle de $W^{1,2}_{loc}$.

b) (Stampacchia) Si la frontière de ω est assez régulière (C^1 par exemple) et si f appartient à $W^{-1,p}$, la fonction Gf est holdérienne dans $\bar{\omega}$.

c) (P.M. Hervé) Si une fonction u appartenant à $W^{1,2}_{loc}(\omega)$ vérifie $Lu \leq 0$ et si lim inf ess $u(x) \geq 0$ lorsque x tend vers un point du bord, on a $u(x) \geq 0$ dans ω .

Considérons alors l'opérateur de Poisson H . D'après le b) , pour φ appartenant à C^1 , la fonction $H\varphi$ est holdérienne et donc continue dans $\bar{\omega}$. En lui appliquant le c) , on voit que l'opérateur H est positif, donc continu pour la norme uniforme. Si φ est maintenant une fonction continue sur $\partial\omega$, on peut l'approcher uniformément par des fonctions φ_n de classe C^1. Les fonctions $H\varphi_n$ convergent uniformément vers une fonction que l'on note encore $H\varphi$. D'après le a), $H\varphi$ appartient à $W^{1,2}_{loc}$ et vérifie $Lu=0$.

Pour les ouverts à frontière de classe C^1, pour toute fonction φ continue sur le bord, il existe une fonction du faisceau $\underline{H}$ se prolongeant continument par φ au bord. D'après le c), il y a unicité et positivité. Ces ouverts sont donc réguliers.

Remarques. Les développements ultérieurs de la théorie se font dans deux directions. D'une part, on peut poursuivre l'étude par les méthodes variationnelles: capacités, fonctions de Green, construction de solutions continues du problème de Dirichlet pour les ouverts qui sont reguliers pour le laplacien (voir [18])... D'autre part, on peut appliquer à ces opérateurs toutes les propriétés des axiomatiques de Brelot: résolution du problème de Dirichlet par la méthode de Perron-Wiener-Brelot, fonctions surharmoniques, potentiels,... Les liens entre ces deux types de notions ont été étudiés par R. M. Hervé ([15], [16]). Ainsi, les deux résolutions du problème de Dirichlet évoquées ci-dessus coincident ; pour les fonctions surharmoniques de $W^{1,2}$, les deux notions de "nullité à la frontière" (être un potentiel et appartenir à $W^{1,2}_o$) sont identiques; ces potentiels sont alors les potentiels de mesures d'énergie finie ...

Les opérateurs plus généraux suivants

$$Lu = \sum \frac{\partial}{\partial x_j} (a_{ij} u'_i + d_j u) + \sum (b_i u'_i + cu)$$

où les a_{ij} appartiennent à L^∞, les b_i et d_i à $L^{n+\varepsilon}$ et c à $L^{n/2+\varepsilon}$, l'opérateur étant toujours uniforément elliptiques, ont été étudiés par Stampacchia. Les résultats de De Giorgi-Moser-Stampacchia énoncés précédemment sont encore valables sous ces hypothèses (voir [23]). R.M. Hervé a montré que les solutions forment encore une axiomatique de Brelot.

Enfin , Murthy et Stampacchia [20] ont obtenu des resultats analogues pour des opèrateurs qu ne sont plus nècessairement uniformément elliptiques.

2°- Opérateurs elliptiques du type $Lu = \sum a_{ij}u''_{ij} + \sum a_i u'_i + au$

Les résultats sont bien connus dans le cas où les coefficients sont höldériens. Les fonctions de classe C^2 vérifiant $Lu=0$ ont la propriété supplémentaire que leurs dérivées secondes sont höldériennes. Comme l'a montré R.M. Hervé [13] il résulte des travaux classiques de Schauder, Cacciopoli,... que le faisceau de ces solutions satisfait aux axiomes de Brelot.

Nous ferons ici les hypothèses suivantes

a) l'opérateur L est elliptique et $a \leqslant 0$

b) les coefficients a_{ij} sont continus, les coefficients a_i et a sont mesurables bornés

c) il existe une fonction $\delta(t)$ continue sur $\overline{R}^+$ telle que

$$\int_0^1 \delta(t)/t \quad dt < \infty$$

et que l'on ait $|a_{ij}(x)-a_{ij}(y)| < \delta(|x-y|)$ (condition de Dini) .

L'opérateur L définit une application linéaire continue de $W^{2,p}$ dans L^p . Nous avons montré [10] que si, pour $n < p < \infty$, on considère le faisceau des fonctions appartenant à

$W^{2,p}$ [1] et vérifiant $Lu=0$, ce faisceau $\underline{H}$ ne dépend pas de p et satisfait aux axiomes de Brelot. Rappelons brièvement les étapes de la démonstration

1. Les majorations a priori de Agmon-Douglis-Nirenberg [2] peuvent s'énoncer ainsi :

Si K est un compact, et V un voisinage de K , on a, pour toute fonction u de $W^{2,p}$

$$(1) \qquad \|u\|_{2,p,K} \leq C(\|Lu\|_{p,V} + \|u\|_{p,V})$$

Il en résulte que dans $\underline{H}$, la convergence dans L^p sur tout compact coincide avec la convergence dans $W^{2,p}_{loc}$

Si ω est un ouvert donct la frontière est de classe C^2 , on a pour toute fonction de $W^{2,p}(\omega)$

$$(2) \qquad \|u\|_{2,p} \leq C\ (\|Lu\|_{2,p} + |||u_{|\partial\omega}||| + \|u\|_p)$$

où $|||$ désigne une norme convenable (celle de $W^{2-1/p,p}(\partial\omega)$) .

2. Le principe du maximum (Alexandrov-Pucci [1] , [21] voir aussi [10]) . Nous l'énoncerons ainsi : si une fonction de $W^{2,p}$ $(p > n)$ atteint son maximum positif en un point x_o , on a

$$\lim\ \inf\ ess\ Lu(x) \leq 0 \quad \text{pour } x \text{ tendant vers } x_o .$$

On peut en déduire par des arguments analogues à ceud de paragraphe

---

[1] Ces fonctions sont alors de classe C^1 .

[2] Comm. Pure Appl. Math 1959.

2 qu'une fonction vérifiant $Lu \geqq 0$ ne peut atteindre de maximum positif en un point sans être constante au voisinage.

Ce principe du maximum assure l'unicité et la positivité de la solution du problème de Dirichlet. Joint à la majoration (2), il permet d'en montrer l'existence, pour une donnée de classe $W^{2-1/p,p}$ à la frontière. On passe au cas d'une donnée continue par convergence uniforme, la majoration (1) entrainant que la solution est dans $W^{2,p}_{loc}$.

Les ouverts à frontière de classe C^2 sont donc régulier. Nous n'avons utilisé jusqu'ici que les propriétés a) et b).

3. L'inégalité de Harnack est due à Serrin [22]. Le résultat n'y est énoncé que pour les fonctions de classe C^2 mais on l'en déduit facilement pour les fonctions de $W^{2,p}$ à l'aide d'un procédé d'approximation de L.

On pourrait se poser aussi, dans ce cas, le problème de déterminer les ouverts réguliers. D'autre part, il est probable que les résultats ci-dessus resteraient vrais si on supprimait l'hypothèse c).

BIBLIOGRAPHIE

[1] A. D. Alexandrov -Uniqueness conditions and bounds for the solution of the Dirichlet problem, Vestn. Leningrad 18 (1963) 3, 5 - 29

[2] H. Bauer- Axiomatische Behandlung des Dirichletschen Problems für elliptische und parabolische Differentialgleichungen, Math. Annalen, 146 (1962) , 1-59 .

[3] H. Bauer - Harmonische Raume und ihre Potentialtheorie, Lecture Notes in Mathematics, Springer Verlag (1966)

[4] N. Boboc et Mustata - Espaces harmoniques associés aux opérateurs différentiels linéaires du senond ordre de type elliptique, Lectures notes in Mathematics, 68 .

[5] N. Boboc, C. Constantinescu, A. Cornea - Axiomatic theory of harmonic functions , Ann. Inst. Fourier, Grenoble , 15, 1 (1965) 283-312.

[6] J. M. Bony - Détermination des axiomatiques de théorie du potentiel dont les fonctions harmoniques sont différentiables, Ann. Inst. Fourier, Grenoble, 17, 1 (1967) 353-382.

[7] J. M. Bony - Sur la régularité des solutions du problème de Dirichlet pour les opérateurs elliptiques dégénérés, C. R. Acad. Sc. Paris 267 (1968) 691-693 .

[8] J. M. Bony - Sur la propagation des maximums et l'unicité du problème de Cauchy pour les opérateurs elliptiques dégénérés du second ordre C. R. Acad. Sc. Paris 266(1968) 763-765.

[9] J. M. Bony - Problème de Dirichlet et inégalité de Harnack pour une classe d'opérateurs elliptiques dégénérés.

[10] J. M. Bony - Principe du maximum dans les espaces de Sobolev C. R. Acad. Sc. Paris 265, (1967) 333-336.

[11] J. M. Bony - Principe du maximum, inégalité de Harnack et unicité du problème de Cauchy pour les opérateurs elliptiques dégénérés, Ann. Inst. Fourier, Grenoble 19, 1 (1969)

[12] M. Brelot - Axiomatique des fonctions harmoniques, Les presses de l'université de Montréal (1966)

[13] R. M. Hervé - Recherches axiomatiques sur la théorie des fonctions surharmoniques et du potentiel, Ann. Inst. Fourier, Grenoble 12 (1962) 415-571.

[14] R. M. Hervé - Un principe du maximum pour les sous solutions

locales d'une équation uniformément elliptique, Ann. Inst. Fourier, Grenoble 14, 2 (1964) 493-508.

[15] R. M. Hervé - Quelques propriétés des fonctions surharmoniques associées à une équation uniformément elliptique, Ann. Inst. Fourier, Grenoble 15, 2 (1965) 214- 224 .

[16] R. M. Hervé - Quelques propriétés des sursolutions et sursolutions locales d'une équation uniformément elliptique, Ann. Inst. Fourier Grenoble 16, 2(1966) 241-267.

[17] L. Hörmander - Hypoelliptic second order différential equations, Acta Math. Uppsala 119 (1967) 147-171.

[18] Littman , Stampacchia,Weinberger - Regular points for elliptic equations with discontinuous coefficients, Ann. Sc. Norm. Sup. Pisa (1963) .

[19] G. Mokobodzki - Espaces de Riesz complements réticulés et ensembles équicontinus de fonctions harmoniques, Séminaires Choquet, 5° année 1965/66 n° 6 .

[20] Murthy , Stampacchia - Annali di Mat. Pura Appl. 80(1968) 1-122

[21] C. Pucci - Limitazione per soluzioni di equazioni ellittiche, Ann. Mat. Pura Appl. 74 (1966) 15-30 .

[22] J. Serrin, On the Harnack inequality for linear elliptic equations. Journal d'Analyse Math. 4, 1954-55 , pp. 292-308.

[23] G. Stampacchia , Le problème de Dirichlet pour les équations elliptiques du second ordre à coefficients discontinus. , Annals de l'Institute Fourier , 1965 .

CENTRO INTERNAZIONALE MATEMATICO ESTIVO

(C. I. M. E.)

J. DENY

MÉTHODES HILBERTIENNES EN THÉORIE DU POTENTIEL

Corso tenuto a Stresa dal 2 al 10 Luglio 1969

MÉTHODES HILBERTIENNES EN THÉORIE DU POTENTIEL

par J. Deny (Orsay)

Introduction

L'emploi des méthodes hilbertiennes en théorie du potentiel remonte au théorème classique sur le signe de l'énergie, et on peut même y rattacher la méthode de variation de Gauss. Ce point de vue a été systématiquement développé, pendant la période 1935-1950 par De La Vallée Poussin, M. Riesz, Frostman et surtout H. Cartan [6]

Cependant ces divers auteurs ne font pas usage de la propriété essentielle de la "norme" de Dirichlet, qui est d'être diminuée par les contractions normales (grosso modo : si v varie "moins vite" que u, l'intégrale de Dirichlet relative à v est plus petite que l'intégrale de Dirichlet relative à u). C'est A. Beurling qui a découvert le parti étonnant qu'on pouvait tirer d'une remarque aussi simple, tant en théorie du potentiel (on obtient alors des démonstrations très courtes et très élégantes des résultats fondamentaux) qu'en analyse harmonique (cela conduit à de profonds théorèmes de synthèse spectrale).

Les exposés qui vont suivre sont consacrés essentiellement aux espaces de Dirichlet, c'est-à-dire aux espaces hilbertiens fonctionnels dans lesquels il existe un principe de contraction. Une grande partie des résultats qui vont être donnés a été trouvée en 1956 et 1958 en collaboration avec A. Beurling, qui a bien voulu me faire part de ses idées fondamentales sur ce sujet; seule une courte note [5] a été publiée; tout un livre était prévu, mains il est peu vraisemblable ce projet soit jamais réalisé.

L'axiomatique des espaces de Dirichlet n'a sans doute pas encore trouvé sa forme définitive, mais la méthode des contractions en théorie du potentiel mérite d'être mieux connue, et c'est le but de ces exposés.

J. Deny

Chapitre 1

Espaces hilbertiens fonctionnels de base ξ .

On se donne une fois pour toutes un espace localement compact X et une mesure de Radon $\xi \geq 0$ sur X . Pour éviter des difficultés non essentielles, il sera prudent de supposer que X est dénombrable à l'infini.

Definition 1 . Un espace hilbertien fonctionnel (h.f.) de base ξ (ou relatif à ξ) est un sous-espace H de $L^1_{loc}(\xi)$ muni d'une norme hilbertienne $\|.\|$ pour laquelle il est complet, et telle que l'injection canonique de H dans L^1_{loc} soit continue.

Autrement dit H est un espace de Hilbert dont les éléments sont des classes de fonctions complexes localement ξ-intégrables, et tel que, pour tout compact K de X, il existe une constante A(K) telle que, pour tout élément u de H, on ait la relation

(1) $$\int |u(x)| \quad d\xi(x) \leq A(K) \quad \|u\| \quad .$$

Bien entendu, la fonction u qui intervient au premier membre désigne un représentant quelconque de l'élément u .

Cette définition est inspirée de celle de Aronszajn et Smith [1] qui est plus générale, car elle fait intervenir a priori une famille d'ensembles exceptionnels pouvant être plus petite que celle des ensembles ξ-négligeables, ce qui est important dans la théorie de la complétion fonctionnelle. D'autre part ces définitions présentent l'inconvénient de faire intervenir essentiellement une mesure privilégiée (la mesure de base) qui, en fait, ne joue qu'un rôle auxilliaire; il serait souhaitable d'adopter une définition plus abstraite, indépendante de toute mesure de base (voir à ce sujet une courte note de E. Thomas

[18]). C'est cependant la définition du texte que nous utiliserons, car elle a le mérite d'être simple et maniable, et d'ailleurs une mesure de base privilegiée s'introduit tout naturellement dans de nombreux problèmes de théorie du potentiel (par exemple la mesure de Lebesgue sur un ouvert de R^m). Voici quelques exemples :

Exemple 1. Soit p une fonction positive localement ξ-intégrable ainsi que $1/p$; l'espace $H = L^2(p\,\xi)$ est un espace h.f. de base ξ .

En effet, si u est un élément de H et si K est un compact de X , on a

$$\int_K |u| \, d\xi = \int_K \frac{1}{\sqrt{p}} \sqrt{p}\, |u| \, d\xi \leq \left(\int \frac{d\xi}{p}\right)^{\frac{1}{2}} \|u\|_H .$$

Exemple 2 (espace de Dirichlet classique).

Soit ω un ouvert de $R^m (m \geqslant 1)$; soit $\mathcal{D}(\omega)$ l'ensemble des fonctions indéfiniment dérivables à support compact dans ω ; le nombre

$$\|u\| = \left(\int |\text{grad } u|^2 \, dx \right)^{\frac{1}{2}}$$

définit évidemment une norme hilbertienne sur $\mathcal{D}(\omega)$ (la norme de Dirichlet classique). Appellons H le complété de $\mathcal{D}(\omega)$ pour cette norme; on va voir que, "en général", l'espace de Hilbert abstrait H peut être identifié à un espace h.f. relatif à la mesure de Lebesgue sur ω .

C'est le cas si ω est borné, plus généralement si ω est de largeur 2a bornée. En effet on a alors l'inégalité de Poincaré

$$(2) \qquad \int |u|^2 \, dx \leq 4a^2 \int |\text{grad } u|^2 \, dx ,$$

qui s'obtient immédiatement en appliquant l'inégalité de Schwarz à la relation

$$u(x) = \int_{-a}^{x_1} \frac{\partial u}{\partial x_1}(t, x_2, \ldots, x_m)\, dt$$

valable pour toute u de $\mathcal{D}(\omega)$ si ω est contenu dans la bande $|x_1| \leq a$.

D'après (2) il existe une application linéaire continue θ de H dans $L^2(\omega)$ qui se réduit à l'identité sur $\mathcal{D}(\omega)$; tout revient à montrer que θ est injective. Or, pour tout couple d'éléments u_n et v de $\mathcal{D}(\omega)$ on a, d'après la formule de Green:

$$(u_n, v)_H = \int \text{grad } u_n \cdot \text{grad } \bar{v}\, dx = -\int u_n \Delta \bar{v}\, dx \quad ;$$

si donc $\{u_n\}$ est une suite de Cauchy sur $\mathcal{D}(\omega)$ pour la norme de Dirichlet et si u est l'élément (abstrait) de H qui est la limite de cette suite, u_n tend vers θu dans $L^2(\omega)$ et on a

$$(u, v)_H = -\int \theta u \, \Delta v\, dx;$$

la relation $\theta u = 0$ entraîne donc $(u, v)_H = 0$ pour tout élément v de $\mathcal{D}(\omega)$ qui est dense dans H, d'où $u = 0$.

Dans le cas où ω n'est pas de largeur bornée, il n'existe pas toujours d'injection canonique de H dans $L^2(\omega)$; cependant on peut montrer (voir Deny-Lions [10]) qu'il existe une injection canonique de H dans $L^1_{loc}(\omega)$, sauf deux cas exceptionnels

1°) $m = 2$ $\complement\omega$ est de capacité nulle;

2°) $m = 1$ $\omega = R$.

Dans le cas $M \geq 3$, pour lequel aucune hypothèse restricti= ve n'est à faire sur ω, le théorème de Soboleff (voir par exemple L. Schwarz [17]) apporte une précision supplémentaire : il existe une injection canonique de H dans $L^q(\omega)$, avec $\frac{1}{q} = \frac{1}{2} - \frac{1}{m}$.
Ce nombre q étant toujours compris entre 2 et 6, on en deduit même l'existence d'une injection canonique de H dans L^2_{loc}, ce qu'on peurt retrouver par des procédés élémentaires (voir a le propos l'exemple 3

J. Deny

3 Lorsque $\omega = R^m$, $m \geqslant 1$)

<u>Exemple 3</u> . <u>(Potentiels d'énergie finie par rapport à un noyau de con= volution de type positif).</u>

Prenons pour X un groupe abélien localement compact G et pour ξ la mesure de Haar dx sur G . Soit ν une mesure comple= xe de type positif sur G, c'est-à-dire telle qu'on ait

$$\int f * \tilde{f} \, d\bar{\nu} \geqslant 0$$

pour toute fonction f de $\mathcal{K}$ (ensemble des fonctions continues à support compact sur G) ou plus généralement de M_K (ensemble des fonctions bornées, mesurables pour la mesure de Haar et à support compact).

On sait qu'une telle mesure ν admet la symétrie hermitienne ($\nu = \tilde{\bar{\nu}}$). Pour tout couple de fonctions f et g de M_K on a l'inégalité

(3) $$\left| \int f * \tilde{g} \, d\bar{\nu} \right|^2 \leq \int f * \tilde{f} \, d\bar{\nu} \int g * \tilde{g} \, d\bar{\nu} \quad .$$

Si f est un élément de M_K la fonction $u_f = f * \nu$ (définie pre= sque partout, localement intégrable) est appelée le <u>ν-potentiel engen= dré par</u> f . Un calcul élémentaire de convolution montre que, pour tout couple de fonctions f et g de M_K, on a

$$\int f * \tilde{g} \, d\bar{\nu} = f * \tilde{\bar{g}} * \nu \ (0) = \int u_f \, \bar{g} \, dx \ .$$

De cette relation et de (3) on déduit facilement qu'on a $u_f = 0$ (presque partout) si et seulement si $\int f * \tilde{f} \, d\bar{\nu} = 0$; d'autre part la relation $u_f = u_g$ (presque partout) entraîne qu'on a $\int f * \tilde{f} \, d\bar{\nu} = \int g * \tilde{g} \, d\bar{\nu}$; il en résulte que le nombre $\|u\| = (f * \tilde{\bar{f}} * \nu \ (0))^{\frac{1}{2}}$ définit une semi-norme hilbertienne sur l'ensemble H_o des éléments u de L^1_{loc} qui sont des potentiels, f étant l'un quelconque des éléments de M_K tels que $u = u_f$.

Le produit scalaire de deux éléments u_f et u_g de H_o est évidemment $(u_f, u_g) = \int u_f \bar{g}\, dx = \int f * \tilde{\bar{g}}\, d\bar{\nu}$.

Le complété H de H_o sera appelé l'espace des potentiels généralisés d'énergie finie par rapport au noyau ν . Il est facile de voir que c'est un espace hilbertien fonctionnel. En effet soit u_f un élément de H_o et soit K un compact de X; posons $h(x) = \chi_K(x)\, u_f(x) / |u_f(x)|$ si $u_f(x) \neq 0$, $h(x) = 0$ sinon; d'après l'inégalité de Schwarz on a

$$\int_K |u_f|\, dx = \int u_f \bar{h}\, dx \leq \|u_f\|\ \|u_h\| ;$$

or on a $\|u_g\|^2 = \int h * h\, d\bar{\nu} \leq \int \chi_K * \check{\chi}_K\, d|\nu|$, d'où, en appelant A(K) la racine carrée de ce dernier nombre:

$$\int_K |u_f|\, dx \leq A(K)\ \|u_f\| .$$

On en déduit immédiatement qu'il existe une application linéaire continue θ de H dans L^1_{loc} qui se réduit à l'application identique sur H_o; de plus, pour tout élément u de H, on a $(u, u_g)_H = \int \theta u\, \bar{g}\, dx$ pour toute g de M_K, de sorte que θ est injective.

Il est intéressant d'observer qu'on a un résultat meilleur: <u>les potentiels généralisés d'énergie finie sont de carré intégrable sur tout compact</u>; d'une façon plus précise : l'image par θ de l'espace abstrait H est contenue dans L^2_{loc}, et θ est une application linéaire continue de H dans L^2_{loc}.

En effect soit K un compact de G, et soit M(K) l'ensemble des fonctions mesurables bornées nulles hors de K; pour toute fonction f de M(K) on a

$$\|u_f\|^2 = \int u_f \bar{f}\, dx = \int f * \tilde{\bar{f}}\, d\bar{\nu} \leq |\nu|\,(K - K) \int |f|^2\, dx,$$

d'où, pour tout élément u de H :

$$\int_K |\theta u|^2 \, dx = \sup_{f \in M(k)} \frac{\left| \int \theta \, u \, \bar{f} \, dx \right|^2}{\int |f|^2} = \sup_{f \in M(k)} \frac{|(u, u_f)|^2}{\int |f|^2}$$

$$\leq \sup_{f \in M(k)} \frac{\|u\|^2 \|u_f\|^2}{\int |f|} \leq |\nu|(K - K) \, \|u\|^2 .$$

Un cas simple de la situation décrite est celui où $\nu = \delta$; mesure de Dirac à l'origine de G; alors H est identifiable à $L^2(G)$.

Un autre cas intéressant est celui où $G = R^m$ et ν est la mesure de densité $|x|^{\alpha - m}$, $0 < \alpha < m$; on obtient alors pour H l'ensemble des potentiels (généralisés) d'ordre α de M.

Riesz; en particulier pour $\alpha = 2$ ($m \geq 3$), H est identique au complété de $\mathcal{D}(R^m)$ pour la norme de Dirichlet (voir [7]).

Exemple 4. Prenons pour X un espace localement compact quelconque; soit ξ une mesure de Radon positive sur X; soit κ une mesure complexe sur l'espace produit $X \times X$, possédant les deux propriétés suivantes :

(i) κ est de type positif (i. e. $\iint f(x) \, \overline{f(y)} \, d\kappa(x, y) \geq 0$ pour toute $f \in \mathcal{K}(X)$);

(ii) la projection sur X de la restriction de κ à toute bande de la forme $X \times K$, où K est compact, est absolument continue par rapport à ξ.

Appelons potentiel engendré par l'élément f de $\mathcal{K}(X)$ la densité U^f par rapport à ξ de la mesure $p_1 \, [(fop_2) \, \kappa]$ (projection sur X de la mesure de densité fop_2 par rapport à κ), où p_1 et p_2 sont les projections canoniques de $X \times X$ sur les espaces facteurs. Cette terminologie est justifiée par le cas particulier important où κ est absolument continue par rapport à la mesure produit $\xi \times \xi$; si N est la densité de κ , on trouve pour U^f l'expression classique à l'aide du "noyau" N: $U^f(x) = \int N(x, y) \, f(y) \, d\xi(y)$.

Par définition on a, pour tout couple de fonctions f et g de

$\mathcal{K}$,

$$\int U^f \bar{g}\, d\xi = \int (f o p_1)(\bar{g} o p_2)\, dK = \iint f(y)\, g(x)\, dK(x,y),$$

d'où, comme K est de type positif,

$$\left| \int U^f \bar{g}\, d\xi \right|^2 \leq \int U^f \bar{f}\, d\xi \int U^g \bar{g}\, d\xi .$$

On en déduit facilement que le nombre $\|U^f\| = \left(\int U^f f\, d\xi \right)^{1/2}$ définit une norme hilbertienne sur l'ensemble H_0 des potentiels U^f.

D'autre part on a, pour tout compact K de X

$$\int_K |U^f|\, d\xi \leq \|U^f\| \quad (|K| (K \times K))^{1/2}$$

d'où il résulte aisément qu'il existe une application linéaire continue injective du complété H de H_0 dans $L^1_{loc}(\xi)$, injection qui se réduit à l'iden= tité sur H_0; autrement dit H est un espace hilbertien fonctionnel ξ-mesurable.

Inversement on verra plus loin que tout espace hilbertien fon= ctionnel "à noyau positif" peut être obtenu de cette façon. Il est inté= ressant d'observer directement que l'exemple 4 contient l'exemple 3.

Soit en effet ν une mesure de type positif sur le groupe abélien localement compact G; appelons ν_1 l'image de ν par l'application identique : $x \to (x, 0)$ de G dans $G \times G$; soit σ la mesure positive portée par la diagonale de $G \times G$ dont la projection sur X est la mesure de Haar ξ ; soit enfin k le produit de convolution $\nu_1 * \sigma$ sur le groupe $G \times G$; on vérifiera que si f est un élément de $\mathcal{K}(G)$, le potentiel U^f construit à l'aide du noyau K n'est autre que le produit de convolution $f * \nu$; cela résulte facilement de la relation

$$\int U^f \bar{g}\, d\xi = \iint f(y)\, \overline{g(x)}\, dK(x,y) = \int f * \tilde{g}\, d\bar{\nu} .$$

Observons encore que, dans l'exemple 4, il n'est pas toujours vrai que les éléments de H appartiennent à $L^2_{loc}(\xi)$, contrairement à ce qui se passait dans l'exemple 3, mais on verra que, dans la pratique, cette circonstance est due à un "mauvais choix" de la mesure auxilliaire ξ .

Dans la suite de ce chapitre, H désignera un espace hilbertien fonctionnel ξ-mesurable donné une fois pour toutes.

Definition 2 . Soit f un élément de M_K (ensemble des fonctions mesurables bornées à support compact); on appelle potentiel engendré par f l'unique élément u_f de H vérifiant .

$$(4) \qquad (u, u_f) = \int u \bar{f} \, d\xi$$

pour tout élément u de H.

L'existence et l'unicité de u_f résultent immédiatement de ce que la forme linéaire $L(u) = \int u \bar{f} \, d\xi$ est continue sur H, d'aprés l'inégalité suivante, qui résulte de (1):

$$|L(u)| \leq \|f\|_\infty \int_K |u| \, d\xi \leq A(K) \; \|f\|_\infty \; \|u\| ,$$

où K désigne un compact hors duquel f est presque partout nulle.

L'ensemble de ces potentiels u_f est partout dense dans H ; en effet c'est un sous-espace, et le seul élément u de H qui soit orthogonal à tous les u_f est l'élément nul, d'aprés (4).

On vérifiera facilement que la terminologie de la définition 2 est en accord avec les notions de potentiel introduites dans les exemples 3 et 4.

Définition 3 . On appelle potentiel pur tout élément de H qui est adhérent à l'ensemble des potentiels u_f engendrés par des fonctions $f \geq 0$.

L'ensemble P de ces potentiels purs est évidemment un cône convexe et fermé de H; la terminologie sera justifiée plus loin.

Proposition 1 . Pour qu'un élément u de H soit un potentiel pur, il faut et il suffit qu'il vérifie l'une ou l'autre des relations suivantes, qui sont équivalentes :

(5) $\|u + v\| \geqslant \|u\|$ pour toute v de H telle que $\mathcal{R}_e v \geqslant 0$;

(6) $\mathcal{R}_e(u, v) \geqslant 0$ pour toute v de H telle que $\mathcal{R}_e v \geqslant 0$;

Bien entendu, l'expression $\mathcal{R}_e v \geqslant 0$ signifie que les fonctions localement ξ- integrables qui représentent l'élément v sont $\geqslant 0$ presque partout.

Les relations (5) et (6) sont évidemment équivalentes ; elles sont vérifiées par tout potentiel pur, puisqu'elles sont vérifiées par les u_f avec $f \in M_K^+$, d'après la relation (4).

Soit inversement u un élément de H vérifiant (6) Appelons P^o le cône polaire du cône P, i.e. l'ensemble des éléments v de H vérifiant $\mathcal{R}_e(v, w) \geqslant 0$ pour tout $w \in P$; comme les éléments u_f, avec $f \in M_K^+$, sont partout denses dans P, cette relation est équivalente à la suivante, d'après (4):

$$\mathcal{R}_e \int v\, f\, d\xi = \mathcal{R}_e(v, u_f) \geqslant 0 \text{ pour toute f de } M_K^+ ;$$

autrement dit P^o n'est autre que l'ensemble des éléments v de H vérifiant $\mathcal{R}_e v \geqslant 0$. Mais alors (6) exprime que u est un élément du cône bipolaire P^{oo} qui, comme il est bien connu, n'est autre que P(car P est convexe et fermé); donc u est bien un élément de P.

Définition 4. L'espace h.f. H est dit à noyau réel (resp. à noyau positif) si les potentiels purs sont réels (resp. positifs).

Il revient au même de dire que les éléments u_f, avec $f \in M_K^+$, sont réels (resp. positifs).

Proposition 2 . Pour que H soit à noyau réel il faut et il suffit que quel que soit $u \in H$, on ait $\bar{u} \in H$ et $\|\bar{u}\| = \|u\|$.

En effet si H est à noyau réel, on a immédiatement $u_{\bar{f}} = \overline{u_f}$ pour toute f de M_K (immédiat en écrivant $f = f_1 - f_2 + i(f_3 - f_4)$, avec les f_j dans M_K^+), d'où

$$\|\overline{u_f}\|^2 = \|u_{\bar f}\|^2 = \int u_{\bar f} f \, d\xi = \int \overline{u_f} \, f \, d\xi = \overline{\int u_f \bar f \, d\xi} = \|u_f\|^2,$$

d'où le résultat, car les u_f sont denses dans H .

Inversement supposons la condition satisfaite ; elle entraîne que tout élément u de H s'ecrit d'une facon et d'une seule $u = u_1 + iu_2$, avec u_1 et u_2 réels $(u_1 = (u + \bar u)/2,\ u_2 = (u - \bar u)/2i)$; d'autre part le produit scalaire de deux éléments réels u et v de H est réel, comme on le voit en développant la relation $\|u + iv\|^2 = \|u - iv\|^2$.

Soit alors $u_f = u_1 + iu_2$, avec $f \in M_K^+$; pour tout élément réel v de H on a

$$\int vf \, d\xi = (v, u_f) = (v, u_1 + iu_2) = (v, u_1) - i\ (v, u_2)$$

d'où $(v, u_2) = 0$, car $\int vf \, d\xi$, (v, u_1) et (v, u_2) sont réels; comme tout élément de H est combinaison linéaire d'éléments réels, on a donc $u_2 = 0$ et par suite $u_f = u_1$ est réel.

Voici maintenant une importante caractérisation des espaces h.f. à noyau positif:

<u>Théorème (Aronszajn et Smith</u> [2]) . <u>Pour qu'un espace h.f.</u> H <u>soit à noyau positif il faut et il suffit qu'il soit à noyau réel et que, pour tout élément réel</u> u <u>de</u> H, <u>il existe un élément réel</u> $\tilde u$ <u>vérifiant</u> $\tilde u \geq |u|$ <u>et</u> $\|\tilde u\| \leq \|u\|$.

Les conditions sont suffisantes : en effet si elles sont vérifiées tout potentiel pur u est réel; soit $\tilde u$ l'élément associé a u; on a

$$\|\tilde u - u\|^2 = \|\tilde u\|^2 - \|u\|^2 - 2(u, \tilde u - u) ;$$

or on a $\|\tilde u\|^2 \leq \|u\|^2$ par hypothèse et $(u, \tilde u - u) \geq 0$ d'après la proposition 1 ; on a donc $\|\tilde u - u\|^2 \leq 0$ et par suite $u = \tilde u \geq 0$.

Les conditions sont nécessaires : supposons que H soit à noyau positif et soit u un élément réel de H . Soient u' et u'' les projections de u et -u sur le cône P des potentiels purs. L'élément $\tilde{u} = u' + u''$ convient : en effet il est facile de vérifier qu'on a $\|\tilde{u}\| \quad \|u\|$ (il s'agit en fait d'un théorème de géométrie élémentaire dans R^3) ; d'autre part, d'après les propriétés de la projection sur un cône convexe, on a

$$\int u' f \, d\xi = (u', u_f) \geqslant (u, u_f) = \int uf \, d\xi$$

pour toute $f \in M_K^+$ (car on a alors $u_f \in P$) , d'où $u' \geqslant u$; de même on a $u'' \geqslant -u$; comme u' et u'' sont $\geqslant 0$ par hypothèse, il en résulte bien qu'on a $\tilde{u} = u' + u'' \geqslant |u|$.

Voici enfin un énoncé qui montre que tout espace h.f. à noyau positif peut être construit par le procédé décrit dans l'exemple 4 :

Proposition 3 . Si l'espace h.f. H de base ξ est à noyau positif, il existe une mesure κ positive et de type positif sur l'espace produit X × X, telle qu'on ait

$$\iint f(y) \, \overline{g(x)} \, d\kappa(x, y) = (u_f, u_g) = \int u_f \, \overline{g} \, d\xi \tag{7}$$

pour tout couple de fonctions f et g de M_K ; cette mesure κ sera appelée le "noyau - mesure" associé à l'espace H (et à la mesure de base ξ) .

En effet considérons la forme sesqui-linéaire B définie sur $\mathcal{K}(X) \times \mathcal{K}(X)$ par

$$B(f, g) = \int u_f \, \overline{g} \, d\xi = (u_f, u_g) ,$$

qui est une "bimesure" sur l'espace produit X × X . Comme est à noyau positive, la forme linéaire : $f \longrightarrow B(f, g)$ est positive pour toute $g \geqslant 0$; de même la forme semi-linéaire : $g \longrightarrow B(f, g)$ est positive pour toute $f \geqslant 0$; il est bien connu que la bimesure B est alors associée à une mesure positive κ sur l'espace produit, et une seule, vérifiant (7) pour tout couple de fonctions f et g de $\mathcal{K}$.

Cette relation (7) prouve d'une part que κ est de type positif, d'autre part que, pour tout élément f de $\mathcal{K}$, la mesure $p_1 [(f o p_2) \kappa]$ n'est autre que la mesure de densité u_f par rapport à ξ (p_1 et p_2 étant les projections canonniques de $X \times X$ sur les espaces facteurs) ; par conséquent, pour tout compact K de X, l'image par p_1 de la re= striction de κ à la bande $X \times K$ est absolument continue par rap= port à ξ, et l'élément u_f n'est autre que le κ -potentiel U^f engen= dré par f, défini dans l'exemple 4. Comme les u_f, avec $f \in \mathcal{K}$, sont partout denses dans H, on voit que H est bien l'espace h.f. de base ξ construit à partir de κ par le procédé de l'exemple 4. Pour achever, il suffit de vérifier que (7) est encore vraie pour f et g dans M_K, ce qui est facile.

Chapitre 2

Espaces de Dirichlet généraux

Définition 1 . Soient u et v deux fonctions complexes définies sur le même ensemble X ; on dit que v est une contraction normale de u si on a

$|v(x) - v(y)| \leq |u(x) - u(y)|$ pour tout couple de points x et y de X ;

$|v(x)| \leq |u(x)|$ pour tout point x de X .

Bien entendu, si T est une contraction normale du plan complexe, c'est-à-dire une application du plan complexe C dans lui-même qui conserve l'origine et diminue les distances, la fonction composée Tou, qu'on notera Tu, est une contraction normale de u . Il est intéressant d'observer que la réciproque est vraie : si v est une contraction normale de u , il existe au moins une contraction normale T du plan complexe, telle qu'on ait v = Tu.

En effet on peut alors définir une application contractante S de l'image u(X) dans C en associant à tout nombre complexe z = u(x) le nombre S(z) = v(x) (on a evidemment v(x) = v(y) dès que u(x) = u(y)) ; si u(X) ne contient pas l'origine, on pose S(0) = 0 , relation qui résulte des définitions si u(X) contient l'origine. Il est bien connu (voir Valentine [19]) que l'application contractante S peut être prolongée en une application contractante définie dans C tout-entier ; ce prolongement convient.

Les contractions normales du plan complexe qui seront utilisées le plus souvent sont :

1°) la contraction-module : $z \longrightarrow |z|$;

2°) la "projection" sur un convexe fermé K contenant l'origine ; en particulier les projections sur les axes (appelées respectivement "contraction - partie réelle" et "contraction partie-imaginaire"), sur le segment $[0,1]$ de l'axe réel (appelée contraction fondamentale), enfin sur le disque $|z| \leq r$ (notée T_r) ;

3°) la contraction : $z \longrightarrow z - T_r z$, utile en analyse harmonique.

Définition 2. Soit X un espace localement compact et soit ξ une mesure de Radon positive sur X ; on appelle espace de Dirichlet (général) relatif à ξ tout espace hilbertien fonctionnel H de base ξ qui vérifie l'axiome suivant:

si v est une contraction normale de l'élément u de H, on a $v \in H$ et $\|v\| \leq \|u\|$.

On peut dire plus brièvement qu'un espace de Dirichlet est un espace hilbertien fonctionnel sur lequel les contractions normales "opèrent" . Un espace h.f. étant un ensemble de classes de fonctions, dire que l'élément v est une contraction normale de l'élément u signifie, bien évidemment, qu'il existe un représentant f de la classe u et un représentant g de la classe v tels que g soit une contraction normale de f ; d'une façon analogue, si u est un élément d'un espace h.f. et T une contraction normale du plan complexe, Tu désigne la classe de fonctions localement intégrable admettant pour représentant Tf , f étant un représentant quelconque de u.

Exemples . Les deux premiers espaces h.f. étudiés dans les exemples du chapitre 1 sont des espaces de Dirichlet . C'est évident pour l'espace $L^2(p\,\xi)$, où p est une fonction positive, localement intégrable ainsi que $1/p$. C'est beaucoup moins évident pour le second exemple, qui est fondamental et sert de modèle pour toute la théorie ; on l'appellera l'espace de Dirichlet classique sur l'ouvert ω de R^m.

Prenons d'abord pour ω l'ouvert $]0,1[$ de R . Chaque élément de l'espace h.f. H , complété de $\mathcal{D}(\omega)$ pour la norme de Dirichlet admet un raprésentant continu : cela résulte de la majo= ration élémentaire

$$|u(x)|^2 \leq (1-x) \int_0^1 |u'(t)|^2 dt \qquad (0 < x < 1)$$

valable pour toute fonction u de $\mathcal{D}(\omega)$. Il en résulte que H est identifiable à l'espace des fonctions u absolument continues sur $[0,1]$, nulles aux extrémités, dont la dérivée u' (qui existe pre= sque partout) est de carré intégrable sur $[0,1]$. L'expression de la norme de Dirichlet $\|u\| = (\int |u'|^2 dx)^{1/2}$ est alors valable pour tout élément de H ; elle montre aussitôt que les contractions normales opèrent sur H ; il suffit d'observer que si v est une contraction normale de u , v est absolument continue, et on a $|v'(x)| \leq |u'(x)|$ presque partout.

On a des résultats analogues concernant l'espace de Dirichlet classique sur $[0,+\infty[$; on peut considérer que ses éléments sont les fonctions absolument continues sur tout intervalle borné $[0,a]$ $(a > 0)$, nulles en 0, et dont la dérivée est de carré intégrable.

Supposons maintenant que ω soit un ouvert quelconque de R^m (seuls cas exclus : ω est la droite réelle toute entière, ou ω est un ouvert plan de complémentaire polaire). Dès que le nombre de di mensions est ≥ 2 il existe des éléments de H qui n'admettent pas de représentant continu; cette circontance rend malaisée l'adaptation de la démonstration donnée pour une dimension. Voici le principe d'une méthode détournée : On observe d'abord que toute fonction u continue à support compact dans ω , absolument continue sur tout segment intérieur à ω , et dont les dérivées partielles (qui existent presque partout) sont de carré intégrable, représente un élément de H dont la norme est $(\int |\text{grad } u|^2 dx)^{1/2}$ (on peut procéder par régularisation et utiliser le fait que les dérivées ordinaires de u sont des dérivées au sens des distributions). Il en résulte immédiatement que si u est un élément de $\mathcal{D}(\omega)$ et si v est une contraction normale de u, on a $v \in H$ et $\|v\| \leq \|u\|$. Soit enfin u un élément quelconque de H et soit T une contraction normale du plan complexe ; soit $\{u_n\}$ une suite d'élément de $\mathcal{D}(\omega)$ convergeant vers u ; d'une part Tu_n converge vers Tu dans L^1_{loc} (c'est évident); d'autre part la suite $\{Tu_n\}$ est faiblement convergente dans H (démonstration toute semblable à celle de la propriété 3° ci-dessous). Si v est cette limite faible, on a $\int v\bar{f}\,dx = (v, u_f) = \lim_n (Tu_n, u_f) = \lim \int Tu_n \bar{f}\,dx = \int Tu\,\bar{f}\,dx$ pour toute f mesurable bornée à support compact, d'aù $v(x) = Tu(z)$ presque partout; cela prouve bien qu'on a $Tu \in H$ et $\|Tu\| \leqslant \underset{n}{\lim} \|Tu_n\| \leqslant \underset{n}{\lim} \|u_n\| = \|u\|$

L'axiome des contractions s'avère très maniable; voici quelques conséquences faciles :

Propriétés immédiates des espaces de Dirichlet.

(1) Soit u un élément de H ; alors $|u|$, $\mathcal{R}_e u$, $\mathcal{I}_m u$ sont des éléments de H, ayant tous une norme $\leq \|u\|$; si u est réel u^+ et u^- sont des éléments de H ayant une norme $\leq \|u\|$.

C'est évident ; il en résulte que tout élément de H est combinaison linéaire de quatre éléments positifs de H ; d'autre part la relation $\|u\| = \|\bar{u}\|$ entraîne que le produit scalaire de deux éléments réels de H est réel.

(2) Soit u un élément de H ; $T_r u$ tend fortement vers 0 lorsque r tend vers 0.

En effet soit u_f le potentiel engendré par la fonction f de M_K (ensemble des fonctions mesurables bornées à support compact) ; d'après l'inégalité $\|T_r u\| \leq \|u\|$ et la relation

$$(T_r u, u_f) = \int T_r u \bar{f} \, d\xi$$

on voit que $T_r u$ converge faiblement vers 0 lorsque r tend vers 0 , car les u_f sont partout dense dans H . D'autre part, en appliquant la contraction : $z \longrightarrow z - T_r z$, il vient

$$\|u - T_r u\|^2 \leq \|u\|^2 ,$$

d'où, en dévéloppant ,

$$\|T_r u\|^2 \leq 2 \mathcal{R}_e(u, T_r u);$$

la convergence faible entraîne donc la convergence forte.

(3) Soit $\{u_n\}$ une suite d'éléments de H , convergeant fortement vers l'élément u , et soit T une contraction normale du plan complexe ; alors Tu_n converge faiblement vers Tu , et la convergence est forte si Tu = u (plus généralement si $\|Tu\| = \|u\|$).

En effet la suite des normes $\|Tu_n\| \leq \|u_n\|$ est bornée ; de plus, pour toute f de M_K , on a

$$|(Tu_n - Tu, u_f)| = \left|\int (Tu_n - Tu) \bar{f} \, d\xi\right| \leq \int |u_n - u| \, |f| \, d\xi$$

$$= (|u_n - u|, u_{|f|}) \leq \| |u_n - u| \| \, \|u_{|f|}\| \leq \|u_n - u\| \, \|u_{|f|}\| ,$$

d'où la convergence faible de Tu_n vers Tu, car les u_f sont partout denses dans H . Si en outre on a $\|Tu\| = \|u\|$, alors la convergence résulte de l'inégalité

$$\overline{\lim_n} \|Tu_n\| \leq \lim_n \|u_n\| = \|u\| = \|Tu\| .$$

Il serait intéressant de savoir si, dans tous les cas, Tu_n

converge fortement vers Tu; ce problème ne semble pas facile.

(4) Si u est un élément borné de H ($|u(x)| \leq a$ pour tout x de X), alors u^2 est dans H, et on a $\|u^2\| \leq 2a \|u\|$.

En effet u^2 est une contraction normale de 2au, d'aprés la relation évidente $|u^2(x) - u^2(y)| \leq 2a |u(x) - u(y)|$.

On en déduit immédiatement que le produit de deux éléments bornés u et v de H est dans H (il suffit d'écrire $uv = \frac{1}{4} [(u+v)^2 - (u-v)^2]$) ; si on a $|v(x)| \leq b$ pour tout x, on trouve la majoration $\|uv\| \leq (a+b)(\|u\| + \|v\|)$; en fait on verra à la fin du chapitre 3 qu'on a la majoration bien meilleure $\|uv\| \leq a \|v\| + b \|u\|$, mais c'est beaucoup plus difficile à démontrer.

(5) Si u et v sont des éléments réel de H, inf(u, v) et sup(u, v) sont des éléments de H, et on a

$$\|\inf(u,v)\|^2 + \|\sup(u,v)\|^2 \leq \|u\|^2 + \|v\|^2.$$

C'est immédiat en écrivant $\inf(u,v) = \frac{1}{2}(u+v) - \frac{1}{2}|u-v|$ et $\sup(u,v) = \frac{1}{2}(u+v) + \frac{1}{2}|u-v|$; il suffit de développer et d'ecrire que la contraction-module diminue la norme.

(6) Si u et v sont deux éléments positif de H, vérifiant $u(x)\, v(x) = 0$ presque partout on a $(u,v) \leq 0$.

En effet on a alors $u+v = |u-v|$; il suffit de developper le carré des normes des deux membres; on tiendra compte du fait que le produit scalaire de deux éléments réels est réel.

(7) Si u et v sont deux élémentspositifs de H, tels que $v(x) = 1$ presque partout sur le support de u, $0 \leq v(x) \leq 1$ partout, on a $(u,v) \geq 0$.

Cela résulte immédiatement de ce que, pour tout $\lambda > 0$, on a $v = T(v + \lambda u)$, où T est la contraction fondamentale; il suffit de développer le carré des normes et de faire tendre λ vers 0.

Voici maintenant les premiers résultats de théorie du potentiel dans un espace de Dirichlet. Rappelons d'abord une définition :

Définition 3. Soit H un espace fonctionnel à noyau réel ; on dit que le principe complet du maximum est vérifié dans H si pour tout couple fonctions f et g de M_K^+, la relation

$$u_f(x) \leq u_g(x) + 1 \tag{1}$$

est vérifiée (presque partout) sur X dès qu'elle est vérifiée (presque partout) sur l'ensemble $\{x \; ; \; f(x) > 0\}$.

En faisant $g = 0$ dans (1) on obtient l'énoncé du principe classique du maximum ; en supprimant la constante 1 du second membre de (1), on obtient l'énoncé du principe de domination. Bien entendu le principe complet du maximum entraîne le principe classique du maximum et le principe de domination. Si le principe de domination est vérifié, H est à noyau positif (faire $f = 0$ dans la définition ; on voit que tout élément u_g, avec $g \in M_K^+$, est ≥ 0). Ces propriétés sont bien connues dans le cas où H est l'espace des potentiels newtonniens généralisés d'énergie finie (voir la fin de l'exemple 3 du chapitre 1) ; elles résultent immédiatement des propriétes élémentaires des fonctions surharmoniques.

Théorème . Dans tout espace de Dirichlet le principe complet du maximum est vérifié.

La démonstration résultera des trois lemmes suivants :

Lemme 1. Tout espace de Dirichlet est à noyau positif

C'est une conséquence immédiate du théorème d'Aronszajn et Smith (voir chapitre 1).
En effet on a vu que tout espace de Dirichlet est à noyau réel ; d'autre part, si u est un élément réel de l'espace, l'élément $\tilde{u} = |u|$ vérifie bien les hypothèses du théorème d'Aronszajn et Smith .
On peut également en donner une démonstration directe, utilisant les contractions (voir [5]).

Lemme 2 . Dans un espace de Dirichlet, l'enveloppe inférieure de deux potentiels purs est un potentiel pur.

Soient en effet u et v deux potentiels purs de l'espace de Dirichlet H ; on sait que u et v sont positif (lemme 1); évidemment $\inf(u,v) = \frac{1}{2}(u+v) - \frac{1}{2}|u-v|$ est un élément de H. Parmi les éléments de H dont la partie réelle majore inf(u,v), il en existe un et un seul dont la norme est minimum (car l'ensemble de ces éléments est convexe, fermé et non vide); c'est un potentiel pur w, d'après la caractérisation des potentiels purs (chapitre 1, proposition 1) ; comme on a

$$4\,\|\inf(u,w)\|^2 = \|u+w\|^2 + \|\,|u-w|\,\|^2 - 2(u+w,\ |u-w|\ )$$

$$\leq \|u+w\|^2 + \|u-w\|^2 - 2(u+w, u-v) = 4\,\|w\|^2 ,$$

toujours d'après la caractérisation des potentiels purs, il en résulte qu'on a w = inf(u,w). On a de même w = inf(v,w), d'où le résultat.

Lemme 3. Si u est un potentiel pur d'un espace de Dirichlet, v = inf(u,1) est un potentiel pur.

En effet on a v = Tu, où T est la "contraction fondamentale" (car u est ≥ 0) ; donc v est un élément de l'espace de Dirichlet H . Soit w l'unique élément de norme minimum parmi les éléments de H dont la partie réelle majore v ; c'est un potentiel pur, et on démontre, comme pour le lemme 2, qu'on a v = inf(u,w); d'autre part inf(w, 1) est un élément réel de H majorant v ; comme c'est une contraction normale de w , on a w = inf(w, 1), d'aprés l'unicité de l'élément de norme minimum d'un convexe fermé non vide. Finalement il vient w = inf(u, 1) = v , donc v est bien un potentiel pur.

Corollaire. Si u et v sont deux potentiels purs d'un espace de Dirichlet, inf(u, v+1) est un potentiel pur.

C'est un conséquence évidente des lemmes 2 et 3 et de la relation élémentaire

$$\inf(u,\ v+1) = \inf(u,\ v+\inf(u,1)\ ) .$$

Démonstration du théorème 1 . On va monstrer un peu plus : si f est un élément de M_K^+ et si v est un potentiel pur de l'espace de Dirichlet H, tels qu'on ait $u_f(x) \leq v(x) + 1$ presque partout sur $\{x;\ f(x) > 0\}$, alors $u_f \leq v + 1$.

Un artifice donné il y a longtemps par H . Cartan en théorie newtonienne (voir [6]) s'adapte sans modification à la situation présente : d'après le corollaire des lemmes 2 et 3 l'élément $w = \inf(u_f, v+1)$ est un potentiel pur, et on a

$$\|u_f - w\|^2 = (u_f, u_f - w) - (w, u_f - w) \leq 0$$

car on a d'une part $(u_f, u_f - w) = \int (u_f - w)\, f\, d\xi = 0$ (puisqu'on a $u_f(x) = w(x)$ presque partout sur $\{x;\ f(x) > 0\}$), d'autre part $(w, u_f - w) \geq 0$ (d'aprés la propriété caractéristique des potentiels purs) ; on a donc $w = u_f$, d'où le résultat.

Remarque. Soit H un espace h. f. ; pour établir que le principe de domination est vérifié dans H , il n'est pas nécessaire de supposer que H est un espace de Dirichlet, mais seulement que la contraction-mo=

dule opère sur H ; en effet les lemmes 1 et 2 sont valables sous cette seule hypothèse.

De même, pour établir que le principe complet du maximum est vérifié dans H , il suffirait de supposer que la contraction fon= damentale opère sur H; comme on verra au chapitre 3 qu'inverse= ment tout espace h. f. dans lequel le principe complet du maximum est verifié est un espace de Dirichlet, il en résultera que toutes les contractions normales opèrent sur un espace h. f. dès que la contrac= tion normale opère (d'où son nom).

J. Deny

Chapitre 3

Une caractérisation des espaces de Dirichlet généraux. Mesures sous-markoviennes.

Pour établir la réciproque du résultat principal du chapitre 2, nous aurons besoin d'introduire quelques notions nouvelles qui seront utiles par la suite. On se donne une fois pour toutes un espace localement compact X dénombrable à l'infini et une mesure de Radon $\xi \geqslant 0$ sur X.

Definition 1 . Une mesure positive σ sur l'espace produit $X \times X$ est dite sous-markovienne (relativement à ξ) si ses projections sur les espaces facteurs sont majorées par ξ .

Dans la pratique on ne considérera que des type positif (donc symétriques).

Définition 2 . Un opérateur linéaire sur $L^2(\xi)$ est dit sous-markovien s'il transforme toute fonction f de L^2 vérifiant $0 \leqslant f(x) \leqslant 1$ presque partout en une fonction de même nature .

Lemme 1 . Tout opérateur hermitien positif sous-markovien sur $L^2(\xi)$ a une norme $\leqslant 1$; il existe une bijection de l'ensemble de ces opérateurs sur l'ensemble de mesures de type positif sous-markoviennes (par rapport à ξ) telle que, si σ_A est la mesure associée à A , on ait

$$(1) \qquad (Af, g)_{L^2} = \iint f(y)\, \overline{g(x)}\, d\sigma_A(x, y)$$

pour tout couple d'éléments f et g de $\mathcal{K}(X)$ (et même de $L^2(\xi)$).

Soit en effet A un opérateur hermitien positif sous-markovien sur $L^2(\xi)$. Comme on a $Af \geqslant 0$ dès que f est $\geqslant 0$, la forme sequilinéaire

$$(f,g) \longrightarrow (Af,g)_{L^2} = \int Af\,\bar{g}\,d\xi$$

définit une mesure positive σ_A sur $X \times X$ vérifiant (1) (voir le début de la démonstration de la proposition 3 du chapitre 1). Cette mesure est de type positif, car A est hermitien positif. Elle est sous-markovienne par rapport à ξ : en effet la relation (1) entraîne, avec les notations du chapitre 1,

$$p_1((f\circ p_2)\,\sigma_A) = (Af)\,\xi$$

pour toute f de $\mathcal{K}$; si f est réelle à valeurs comprises entre 0 et 1, on a donc (puisque A est sous-markovien)

$$p_1((f\circ p_2)\,\sigma_A) \leqslant \xi \;;$$

cette relation ayant lieu pour toutes ces fonctions f, on en déduit bien qu'on a $p_1\sigma_A = p_2\sigma_A \leqslant \xi$. On vérifiera facilement que (1) s'étend au cas où f et g sont dans $L^2(\xi)$.

Soit inversement σ une mesure sous-markovienne (par rapport à ξ) de type positif sur $X \times X$. On sait qu'on peut lui associer un espace h.f. H de base ξ, à noyau positif, par le procédé du chapitre 1 (exemple 4) et que, pour tout couple d'éléments f et g de $\mathcal{K}$, on a

$$\int u_f\,\bar{g}\,d\xi = \iint f(y)\,\overline{g(x)}\,d\sigma(x,y),$$

où u_f désigne le "potentiel" engendré par f. Il résulte de cette relation qu'on a $\|u_f\|_{L^2} \leqslant \|f\|_{L^2}$, car on a, d'après l'inégalité de Schwarz et l'hypothèse que σ est sous-markovienne

$$\left|\int u_f\,\bar{g}\,d\xi\right|^2 \quad \iint |f(y)|^2\,d\sigma(x,y) \quad \iint |g(x)|^2\,d\sigma(x,y)$$
$$\int |f|^2\,d\xi \quad \int |g|^2\,d\xi$$

pour tout élément g de $\mathcal{K}$. L'opérateur $A : f \longrightarrow u_f$ se prolonge donc en un opérateur de norme ≤ 1 sur L^2 ; ce prolongement est hermitien positif, car σ est définie positive; enfin il est sous-markovien, car u_f est la densité par rapport à ξ de $p_1((f o p_2)\sigma)$, mesure qui est positive et majorée par $p_1 \sigma \leq \xi$ si on a pris f réelle et ≤ 1; ceci entraîne qu'on a alors $0 \leq u_f \leq 1$, ce qui achève la démonstration.

Voici une première application qui nous sera utile :

<u>Lemme 2</u> . <u>Si</u> H <u>est un espace h. f. à noyau positif, et si tous les potentiels engendrés par des fonctions réelles</u> ≤ 1 <u>sont eux-mêmes</u> ≤ 1, <u>on a</u>

$$|u|^2 \, d\xi \leq \|u\|^2$$

<u>pour tout élément</u> u <u>de</u> H , $\|\cdot\|$ <u>désignant la norme sur H.</u>

En effet l'hypothèse entraîne que le "noyau-mesure" K as= socié à H et à la mesure ξ (voir la fin du chapitre 1) est une me= sure sous-markoviene; l'opérateur hermitien positif sous-markovien associé à cette mesure K par le lemme 1 n'est autre que le pro= longement du "noyau-opérateur" $G : f \longrightarrow u_f$; d'après la première partie du lemme 1 on a donc

$$\|u_f\|^2 = \int u_f \, f \, d\xi \leq \left(\int |u_f|^2 \, d\xi\right)^{\frac{1}{2}} \left(\int |f|^2 \, d\xi\right)^{\frac{1}{2}} \int |f|^2 \, d\xi$$

pour tout élément f de M_K.

Soit maintenant u un élément quelconque de H ; on a

$$\int |u|^2 \, d\xi \leq \sup_{f \in M_k} \frac{\left|\int u \bar{f} \, d\xi\right|^2}{\int |f|^2 \, d\xi} = \sup_{f \in M_k} \frac{|(u, u_f)|^2}{\int |f|^2 \, d\xi} \leq \sup_{f \in M_k} \frac{\|u\|^2 \, \|u_f\|^2}{\int |f|^2 \, d\xi} \leq \|u\|^2$$

d'où le résultat.

J. Deny

Dans la suite on pourra être amené à considérer des "poten=tiels" engendrés par des fonctions mesurables positives qui ne seront pas nécessairement à support compact ; le potentiel engendré par une telle fonction f sera par définition l'unique élément u_f, s'il existe, vérifiant

$$(u, u_f) = \int u \, f \, d\xi \qquad \text{pour tout} \quad u \in H \, .$$

Posons $f_{n,K} = \inf(f, n) \, \chi_K$, où K est un compact de X et n un entier positif; H étant supposé à noyau positif, on vérifiera sans peine que u_f existe si et seulement si on a $\sup_n \sup_k \|u_{f_{n,K}}\| < \infty$; alors u_f est un potentiel pur. On vérifiera également que si u_f existe, et si $\{f_n\}$ est une suite croissante de fonctions localement intégrables positives convergeant presque partout vers f , alors u_{f_n} converge vers u_f dans H . Avec cette définition, la condition du lemme 2 peut s'énoncer : "la constante 1 engendre un potentiel ma=joré par 1 " .

Rappelons que deux mesures de Radon positives ξ et ξ' sur X sont dites équivalentes si elles sont absolument continues l'une par rapport à l'autre, ou encore s'il existe une fonction p stricte=ment positive et localement ξ -intégrable telle qu'on ait $\xi' = p\,\xi$ (et on aura alors $\xi = (1/p)\,\xi'$). Alors les classes de fonctions ξ -mesurables et ξ' -mesurables sont les mêmes, ce qui per=met de donner un sens à l'énoncé suivant :

Lemme 3 . Soit H un espace h.f. de base ξ ; si H est à noyau positif et si le principe du maximum est vérifié dans H , il existe une mesure ξ équivalente à ξ telle qu'on ait

$$\int |u|^2 \, d\xi' \leq \|u\|^2$$

pour tout élément u de H .

Observons d'abord que tout revient à prouver l'existence d'une fonction p localement ξ -intégrable, verifiant $0 \leq p(x) \leq 1$ presque partout, et telle que u_p existe et soit ≤ 1 ; en effet la mesure $\xi' = p\,\xi$ sera alors équivalente à ξ, et H pourra être identifié à un espace h.f. H' de base ξ', puisque les éléments de H sont des classes de fonctions localement ξ'-intégrables et que l'injection canonique de H dans $L^1_{loc}(\xi)$ est continue d'après la relation $\int_K |u| \, d\xi' \leq \int_K |u| \, d\xi$ pour tout élément u de H et tout compact K.

Designons alors par u'_f le H' - potentiel (s'il existe) engendré par le fonction mesurable $f \geq 0$; d'après les relations de définition

$$(u, u_p) = \int u \, p \, d\xi = \int u \, d\xi'$$

pour tout élément u de H, on voit que u'_1 existe et n'est autre que l'élément u_p ; le lemme 3 résultera alors du lemme 2, appliqué à l'espace h.f. H' .

Pour construire une telle fonction p , supposons d'abord que X soit compact et posons $X_n = \{x \; ; \; n-1 \leqslant u_1(x) \leqslant n\}$ $(n \geqslant 1)$; Soit χ_n la fonction caractèristique de X_n ; la fonction $p = \sum \frac{1}{n\,2^n} \chi_n$ convenient ; en effet on a $u_{\chi_n}(x) \leqslant u_1(x) \leqslant n$ sur $X_n = \{x \; ; \; \chi_n(x) > 0$, donc presque partout (principe classique du maximum); on vérifiera que la série $\sum \frac{1}{n\,2^n} u_{\chi_n}$ converge dans H, donc dans $L^1(X)$, et on a bien $u_p(x) \leqslant 1$ presque partout.

Le cas où X est localement compact et dénombrable à l'infini se ramène facilement au précédent ; on utilisera encore le principe classique du maximum.

Remarque. Supposons que l'espace H vérifie le principe complet du maximum ; si H' est l'espace h.f. introduit dans la démonstrations du lemme 3, le principe complet du maximum est encore vérifié dans H' .

En effet on verifie immediatement que si f est mesurable et positive, u'_f existe si et seulement si u_{pf} existe (et alors $u'_f = u_{pf}$) ; la remarque s'en déduit aussitôt.

Il en résulte que pour étudier les espaces h.f. H dans lesquels le principe complet du maximum est vérifié, on peut supposer que les éléments de H sont de carré intégrable, et que l'injection : $H \longrightarrow L^2(\xi)$ est continue; pour tirer parti de cette remarque, on va rappeler un résultat élémentaire concernant les espaces de Hilbert.

Précisons d'abord quelques notations : soit G un opérateur hermitien positif sur un espace de Hilbert noté L^2. La racine carrée de la forme hermitienne $Q(Gf) = (Gf, f)_{L^2}$ est une norme hilbertienne sur l'image $V = G(L^2)$; le complété $\hat{V}$ de V pour cette norme est identifiable à un sous-espace de L^2, comme cela résulte de l'inégalité élémentaire $\|Gf\|^2_{L^2} \leq \|G\| \; (Gf, f)_{L^2}$. La norme associée à Q sera notée $\|\,.\,\|_V$.

Pour tout $\lambda > 0$ on appellera résolvante d'indice λ l'opérateur hermitien positif $R_\lambda = G(I + \lambda G)^{-1}$; sa norme est $\leq 1/\lambda$ et on a

(2) $$\lambda G R_\lambda = \lambda R_\lambda G = G - R_\lambda .$$

On appellera enfin forme approchée d'indice λ la forme hermitienne continue et positive Q_λ définie sur L^2 par

$$Q_\lambda(f) = \lambda(f - \lambda R_\lambda f, \; f)_{L^2} .$$

Avec ces notations on a le résultat suivant, qui donne une caractérisation commode des éléments de $\hat{V}$:

Lemme 4 . Pour tout élément u de L^2 la fonction : $\lambda \longrightarrow Q_\lambda(u)$ est croissante ; les éléments de $\hat{V}$ sont les éléments u de L^2

pour lesquels $Q_\lambda(u)$ est bornée, et on a alors :

$$\|u\|_V^2 = \lim_{\lambda\to\infty} Q_\lambda(u)$$

Voici, un peu sommairement, une démonstration élémentaire ne faisant pas appel à la représentation spectrale de G :

On observe d'abord qu'on a $\hat{V} = G^{1/2}(L^2)$ et $\|G^{1/2} f\|_V = \|Pf\|_{L^2}$, où P est l'opérateur de projection sur $N^\perp$, le sous-espace ortho= gonal au noyau N commun à G et $G^{1/2}$. En effet l'application $G^{1/2} f \longrightarrow Gf$ de $E = G^{1/2}(L^2)$ sur $V = G(L^2)$ est bien définie (d'aprés l'identité des noyaux) et n'est autre que la restriction de $G^{1/2}$ à E ; c'est un isomorphisme d'espaces hilbertiens, car on a pour tout couple d'éléments f et de L^2,

$$(G^{1/2} f, G^{1/2} g)_{L^2} = (Gf, g)_{L^2} = (Gf, Gg)_V \quad ;$$

elle se prolonge en une isométrie $G^{1/2}$ de $\bar{E}$ (adhérence de E dans L^2) sur $\hat{V}$; mais comme on a $L^2 = \bar{E} \oplus N$ et $G^{1/2}(N) = 0$, il en résulte bien $G^{1/2}(L^2) = G^{1/2}(\bar{E}) = V$. Plus précisément, pour tout f de L^2, on a $G^{1/2} f = G^{1/2} Pf$ et $Pf \in N^\perp = \bar{E}$; comme $G^{1/2}$ est une isométrie de $\bar{E}$ sur $\hat{V}$, on a bien $\|G^{1/2} f\|_V = \|Pf\|_{L^2}$.

Soit maintenant $u = G^{1/2} f$ un élément de V ; d'après (1) on a $Q_\lambda(u) = (\lambda R_\lambda f, f)_{L^2}$, quantité qui croit vers $(Pf, f)_{L^2} = \|u\|_V^2$ quand λ tend vers l'infini (la vérification de la croissance est élémen= taire, et il est bien connu que λR_λ converge fortement vers P).

Il reste à montrer que si u est tel que les $Q_\lambda(u)$ sont bor= nés (par un nombre m^2), alors u est dans $\hat{V}$. Or l'hypothèse en= traîne qu'on a, pour tout f de L^2,

$$Q_\lambda(u, Gf) \leq m\,(Q_\lambda(Gf))^{1/2} \leq m\,\|Gf\|_V \,.$$

D'autre part on a $Q_\lambda(u, Gf) = (\lambda R_\lambda u, f)_{L^2}$, d'où, en fai= sant tendre λ vers l'infini,

$$(Pu, f)_{L^2} \leq m \, \| Gf \|_V .$$

Si $Pu = u$, on en déduit l'existence d'un élément v de $\hat{V}$ tel qu'on ait

$$(u, f)_{L^2} = (v, Gf)_V = (v, f)_{L^2}$$

car $(u, f)_{L^2}$ ne dépend alors que de Gf ; ceci ayant lieu pour tout f de L^2, $u = v$ est bien un élément de $\hat{V}$.

Dans le cas général $u = Pu + u_o$, avec $u_o \in N$; on a alors

$$Q_\lambda (u) = \lambda \| u_o \|^2_{L^2} + Q_\lambda (Pu) ,$$

car N est aussi le noyau de tous les R_λ ; si donc $Q_\lambda (u)$ est borné, on a nécessairement $u_o = 0$ et on est ramené au cas précédent, ce qui achève la démonstration.

Voici maintenant la réciproque annoncée au début du chapitre :

Théorème. Tout espace h.f. dans lequel le principe complet du maximum est vérifié est un espace de Dirichlet . [1]

Soit en effet H un espace h.f. dans lequel le principe complet du maximum est vérifié ; il s'agit de prouver que toutes les contractions normales opèrent sur H.

D'après la remarque suivant le lemme 3, on peut supposer que les éléments de H sont des classes de fonctions de carré intégrable et qu'on a, pour tout élément u de H

(3) $$\int |u|^2 \, d\xi \leq \|u\|^2 .$$

On appellera noyau-opérateur l'application $G : f \longrightarrow u_f$ de

---

[1] Voir [9] , avec une restriction inutile .

M_K dans H ; d'après (3) elle se prolonge en un endomorphisme continu de L^2, de norme ≤ 1 , et si f est un élément quelconque de L^2 , l'élément Gf peut être appelé potentiel engendré par f , et noté u_f .

Il est important d'observer que le principe complet du maximum s'étend à ces potentiels : si f et g sont deux éléments de L^2_+ tels qu'on ait $Gf(x) \leq Gg(x) + 1$ presque partout sur $\{x ; f(x) > 0\}$, alors la même relation a lieu presque partout dans l'espace X ; cela résulte de l'énoncé du chapitre 2, par des passages à la limite assez faciles, qu'on ne détaillera pas.

Adaptant un procédé, devenu classique, de G. Hunt [13] (voir aussi G. Lion [15]) on va montrer que, si R_λ désigne la résolvante d'indice $\lambda > 0$ du noyau G, l'opérateur λR_λ est sous-markovien.

Tout d'abord si f est un élément positif de L^2 , R_λ f est positif ; en effet posons $g = R_\lambda f$; d'après (2) on a $\lambda Gg = Gf - g$, donc

$$\lambda Gg^+(x) \leq Gf(x) + Gg^-(x)$$

presque partout sur $\{x ; g^+(x) > 0\}$; d'après le principe complet du maximum (ou même seulement d'après le principe de domination) la même inégalité a lieu presque partout dans X , d'où

$$g(x) = Gf(x) - \lambda Gg(x) \geq 0$$

presque partout dans X , d'où le résultat.

Soit maintenant f un élément de L^2, à valeurs réelles comprises entre 0 et 1 ; toujours d'après (2) on a

$$G(f - \lambda R_\lambda f) = R_\lambda f \text{ , d'où}$$

$$G(f - \lambda R_\lambda f)^+ = G(f - \lambda R_\lambda f)^- + R_\lambda f \text{ ;}$$

or sur l'ensemble $\{x\ ;\ (f(x) - \lambda R_\lambda f(x))^+ > 0\}$ on a

$$R_\lambda f(x) < f(x)/\lambda \leq 1/\lambda \qquad \text{presque partout} \ ;$$

le principe complet du maximum entraîne donc $G(f - \lambda R_\lambda f)(x) \leq 1/\lambda$ presque partout, et par suite $\lambda R_\lambda f(x) \leq 1$ presque partout, ce qui exprime que λR_λ est un opérateur sous-markovien sur L^2.

Ce point établi, l'emploi des mesures sous-markoviennes et des formes approchées va nous permettre de conclure. Appelons σ_λ la mesure sous-markovienne et de type positif sur $X \times X$ qui est associée à l'opérateur hermitien positif λR_λ sous-markovien sur $L^2(\xi)$; appelons Q_λ la forme approchée d'indice λ associée au noyau G.

D'après le lemme 1 on a, pour tout élément u de L^2,

$$Q_\lambda(u) = \lambda\int(u - \lambda R_\lambda u)\,\bar{u}\,d\xi = \lambda\int|u|^2\,d\xi - \iint u(y)\,\overline{u(x)}\,d\sigma_\lambda(x,y)$$

$$(4) \qquad Q_\lambda(u) = \lambda\int(1 - s_\lambda(x))\,|u(x)|^2\,d\xi(x) + \frac{1}{2}\lambda\iint|u(x) - u(y)|^2\,d\sigma_\lambda(x,y),$$

où $s_\lambda \leq 1$ désigne la densité par rapport à ξ de la projection de σ_λ sur les espaces facteurs (on a tenu compte de la symétrie de σ_λ).

Supposons alors que u soit un élément de H et que $v \in L^2$ soit une contraction normale de u ; d'après l'expression trouvée pour Q_λ on a $Q_\lambda(v) \leq Q_\lambda(u)$, quantité majorée indépendamment de λ par $\|u\|^2$, d'après le lemme 4 où on a fait $H \doteq \hat{V}$.

Toujours d'après ce lemme, on a donc $v \in H$ et $\|v\|^2 = \lim_{\lambda\to\infty} Q_\lambda(v) \leq \|u\|^2$, ce qui achève la démonstration.

Pour terminer ce chapitre, signalons une autre application des formes approchées ; voici d'abord une définition :

Définition 3 . Soit $\{u_i\}_{1 \leq i \leq n}$ un système de n fonctions complexes définies sur l'ensemble X ; on dit que la fonction u est une contraction généralisée du système $\{u_i\}$ si on a

$|u(x)| \leq \sum_{i=1}^{n} |u_i(x)|$ pour tout x de X ;

$|u(x) - u(y)| \leq \sum_{i=1}^{n} |u_i(x) - u_i(y)|$ pour tout couple x et y de X .

On peut évidemment donner une définition analogue concernant les classes de fonctions mesurables; le résultat suivant est impor= tant en Analyse harmonique (voir A. Beurling [4]) :

Théorème (des contractions généralisées). Soit $\{u_i\}_{1 \leq i \leq n}$ un système de n éléments de l'espace de Dirichlet H ; si l'élément u de L^1_{loc} ( ) est une contraction généralisée du système des u_i , on a $u \in H$ et $\|u\| \leq \sum \|u_i\|$.

En effet posons $U(x, u) = |u(x) - u(y)|$; d'après l'expression (4) des formes approchées on a

$$Q_\lambda (u) = A_\lambda (u) + B_\lambda (U)$$

avec

$$A_\lambda (u) = \lambda \int (1 - s_\lambda) |u|^2 d\xi ,$$
$$B_\lambda (U) = \frac{1}{2} \lambda \iint |U|^2 d\sigma_\lambda .$$

Comme on a, avec des notations évidentes $|u| \leq \sum_i |u_i|$ et $|U| \leq \sum_i |U_i|$ l'inégalité de Minkowski entraîne

$$(A_\lambda (u))^{\frac{1}{2}} \leq \sum_i (A_\lambda (u_i))^{\frac{1}{2}} \quad \text{et} \quad (B_\lambda (U))^{\frac{1}{2}} \leq \sum_i (B_\lambda (U_i))^{\frac{1}{2}} ,$$

d'où, d'après la formule élémentaire

$$|\sum_i a_i|^2 + |\sum_i b_i|^2 \leq (\sum_i (|a_i|^2 + |b_i|^2)^{\frac{1}{2}})^2 ,$$

$$Q_\lambda (u) \leq (\sum_i (A_\lambda (u_i))^{\frac{1}{2}})^2 + (\sum_i (B_\lambda (U_i))^{\frac{1}{2}})^2$$

$$\leq (\sum_i (A_\lambda (u_i) + B_\lambda (U_i))^{\frac{1}{2}})^2 = (\sum_i (Q_\lambda (u_i))^{\frac{1}{2}})^2 \leq (\sum_i \|u_i\|)^2 ,$$

d'où finalement, d'après le lemme 4, $u \in H$ et $\|u\|^2 \leq (\sum_i \|u_i\|)^2$.

Corollaire. Si u et v sont deux éléments bornés de l'espace de

Dirichlet H, ($|u(x)| \leq a$ et $|v(x)| \leq b$ pour presque tout x de X), on a $uv \in H$ et

(5) $$\|uv\| \leq a \|v\| + b \|u\| .$$

En effet on constate immédiatement que uv est une contraction généralisée du système constitué par les éléments av et bu .

Remarque : 1°) Si tous les éléments de H sont essentiellement bornés H est une algèbre de Banach: en effet; d'après le théorème du graphe fermé, il existe un nombre C tel qu'on ait $\|u\|_{\infty} \leq C \|u\|$ pour tout $u \in H$; il résulté alors de (5) qu'on a

$$\|uv\| \leq C \|u\| \|v\| \qquad (u, v \in H).$$

2°) Le théorème des contractions généralisées n'a été démontré qu'ou prix d'un détour considérable ; étant donnée son importance pratique, il serait souhaitable d'en obtenir une démonstration plus directe, n'utilisant pas les formes approchées .

Chapitre 4

Théorie du potentiel dans les espaces de Dirichlet réguliers.

On se donne espace de Dirichlet H relatif à la mesure $\xi \geq 0$ sur l'espace localement compact X . On notera $\mathcal{K} = \mathcal{K}(X)$ l'ensemble des fonctions continues à support compact sur X .

On sait qu'un élément de H est une classe de fonctions loca= lement ξ - intégrables ; on peut évidemment supposer que ξ est partout dense sur X (sinon remplacer X par X ω, où ω est le plus grand ouvert ξ - négligeable) ; alors si u est un élément de H, la "classe" u contient au plus un représentant continu; lorsqu'il en est ainsi, on dira que u est un <u>élémente continu</u> ; cette remarque permet de donner un sens à la définition suivante :

<u>Definition</u> 1 . <u>L'espace de Dirichlet</u> H <u>est dit régulier s'il vérifie les deux axiomes suivante</u> :

(1) $\mathcal{K} \cap$ H <u>est dense dans</u> H ;

(2) $\mathcal{K} \cap$ H <u>est dense dans</u> $\mathcal{K}$.

Un espace de Dirichlet régulier est donc un espace de Diri= chlet dans lequel il y a "suffisamment" d'éléments continus à support compact ; l'axiome (1) ne nécessite aucune explication ; pour utili= ser l'axiome (2), on n'aura jamais besoin de se reporter à la défini= tion précise de la topologie nauturelle sur $\mathcal{K}$ car on peut montrer , compte-tenu de l'axiome des contractions, qu'il est équivalent au suivent (qu'on pourra donc prendre comme définition) : <u>quel que soit</u> $f \in \mathcal{K}$ <u>et quel que soit</u> $\varepsilon > 0$, <u>il existe un élément</u> φ <u>de</u> $\mathcal{K} \cap$ H, <u>à support dans l'ouvert</u> $\{x \ ; \ f(x) \neq 0\}$, <u>et vérifiant</u> $|f(x) - \varphi(x)| \leq \varepsilon$ <u>pour tout</u> x <u>de</u> X ; c'est donc cette propriété qu'on prendra pour définition.

Exemple. Soit X un ouvert "greenien" de R^m, i. e. n'importe quel ouvert non vide, souf le droite réelle toute entière et les ouverts plans de complémentaire polaire : alors l'espace de Dirichlet classique sur X (voir chapitre 1, exemple 2) est un espace de Dirichlet régulier ; cela résulte immédiatement de ce que $\mathcal{D}(X)$ est dense dans $\mathcal{K}(X)$.

Voici une conséquence immédiate de la définition 1 :

Lemme 1 . Si H est un espace de Dirichlet régulier $\mathcal{K}_+ \cap H$ est dense dans H_+ et dans $\mathcal{K}_+$.

Evidemment H_+ désigne le cône des éléments ≥ 0 de H, muni de la topologie induite. Or si u est un élément de H_+ et si u_n est une suite d'éléments de $\mathcal{K} \cap H$ convergeant fortement vers u dans H (une telle suite existe, d'après l'axiome (1)), le suite des éléments $|u_n|$ converge fortement vers u dans H (voir le chapitre 2, propriété 3 des espaces de Dirichlet, appliquée à la contraction-module); la première partie du lemme en résulte aussitôt, et la seconde est immédiate.

Voici une importante caractérisation des potentiels purs dans un espace de Dirichlet régulier :

Lemme 2. Soit H un espace de Dirichlet régulier; pour que l'élément u de H soit un potentiel pur, il faut et il suffit qu'il existe une mesure $\mu \geq 0$ telle qu'on ait

$$(u, \varphi) = \int \bar{\varphi} \, d\mu$$

pour tout élément φ de $\mathcal{K} \cap H$; une telle mesure μ est alors unique .

En effet si la condition est réalisée, on a évidemment $(u, \varphi) \geq 0$ pour tout élément φ de $\mathcal{K}_+ \cap H$, d'où $(u, v) \geq 0$ pour tout élément v de H^+ (d'après le lemme 1), d'où enfin $\mathcal{R}_e(u,v) \geq 0$ pour tout élément v de H vérifiant $\mathcal{R}_e v \geq 0$, ce qui est une caractérisation des potentiels purs (chapitre 1, proposition 1).

Si inversement u est un potentiel pur, l'application: $\varphi \longrightarrow (u, \varphi)$ est une forme linéaire positive sur $\mathcal{K} \cap H$; comme $\mathcal{K}_+ \cap H$ est dense dans $\mathcal{K}_+$, il existe une mesure de Radon $\mu \geq 0$ et une seule vérifiant la condition du lemme.

Le lemme 2 s'étend évidemment à tout espace h.f. à noyau positif dans lequel le lemme 1 est valable. La mesure μ, qui est associée biunivoquement au potentiel pur u , sera dite <u>d'énergie finie</u> et u, qu'on peut noter u_μ, sera dit le potentiel pur engendré par μ.

La terminologie est justifiée par le cas où H est l'espace de Dirichlet classique sur l'ouvert greenien X de R^m; si G désigne la fonction de Green normalisée de X (par exemple $G(x,y) = \frac{1}{(m-2)s_m} |x-y|^{2-m}$ si $X = R^m$, avec $m \geq 3$) les mesure $\mu \geq 0$ d'énergie finie sont celles qui vérifient

$$\iint G(x,y)\, d\mu(x)\, d\mu(y) < \infty ,$$

et la fonction : $x \longrightarrow \int G(x,y)\, d\mu(y)$ est un représentant semi-continu inférieurement de l'élément u_μ. On reviendra au chapitre 6, dans le cas des espaces de Dirichlet "invariants par translation sur les relations entre la définition abstraite des potentiels purs, adoptée ici, et une définition plus naturelle et plus intuitive, faisant intervenir le "noyau".

Plus généralement, si u est un élément de H auquel on peut associer une mesure μ (pas nécessairement positive) vérifiant $(u, \varphi) = \int \bar{\varphi} d\mu$ pour tout élément φ de $\mathcal{K} \cap H$, on peut appeler u_μ

le potentiel engendré par μ ; il faut dependant noter que la mesure $|\mu|$, variation totale d' une telle mesure μ n'est pas nécessairement d'énergie finie ; cela peut se produire sur l'espace de Dirichlet classique sur un ouvert de R^m dès que m est $\geqslant 2$.

Voici encore une remarque simple : soient μ et ν deux mesures de Radon vérifiant $0 \leq \nu \leq \mu$; si μ est d'énergie finie, il en est de même de ν et on a $\|u_\nu\|$ $\|u_\mu\|$; cela résulte immédiatement de ce que la forme linéaire : $\varphi \longrightarrow \int \varphi \, d\nu$ est continue, d'après l'inégalité $|\int \varphi \, d\nu| \leq \int |\varphi| \, d\mu \leq \|\varphi\| \|u_\mu\|$(on a utilisé la contraction-module); ce résultat s'étend d'ailleur à tout espace h.f. à noyau positif dans lequel le lemme 1 est valable (utiliser alors le théorème d'Aronszajn et Smith).

Plus généralement si u_μ et u_ν sont deux potentiels purs vérifiant $u_\nu \leq u_\mu$ (presque partout), alors $\|u_\nu\| \leq \|u_\mu\|$; c'est évident, car on a alors $(u_\nu , u_\mu - u_\nu) \geqslant 0$ d'après la caractérisation des potentiels purs du chapitre 1.

Dans la suite de ce chapitre, on se donne une fois pour toutes un espace de Dirichlet régulier H . Soient u et v deux éléments de H et soit ω un ouvert de X ; si, pour tout représentant u^* de u et tout représentant v^* de v, on a $u^*(x) \leq v^*(x)$ presque partout dans ω , on dira qu'on a $u \leq v$ dans .

Lemme 3 . Soit u un élément de H et soit ω un ouvert de X ; parmi tous les éléments v de H vérifiant $\mathcal{R}_e v \geqslant \mathcal{R}_e u$ sur ω , il en existe un et un seul de norme minimum ; c'est un potentiel pur u_μ ; la mesure associée μ est portée par l'adhérence $\bar{\omega}$; u_μ est orthogonal à l'ensemble N_ω des éléments de H qui sont nuls sur ω .

L'existence et l'unicité de l'élément de norme minimum, soit u', provient de ce que l'ensemble U des éléments en compétition est convexe, fermé et non vide. Si w est un élément quelconque de H vérifiant $\mathcal{R}_e w \geq 0$, on a $u'+w \in U$, d'où $\|u'+w\| \geq \|u'\|$ et par conséquent u' est un potentiel pur (voir chapitre 1, proposition 1); si w est nul sur ω, alors $u'+\lambda w \in U$ pour tout λ complexe, d'où $\|u'+\lambda w\|^2 \geq \|u'\|^2$ pour tous ces λ et par suite $(u'w) = 0$; en particulier, pour tout élément w de $\mathcal{K} \cap H$ à support dans le complémentaire de ω, on a $\int \overline{w}\, d\mu = (u', w) = 0$; comme l'ensem= ble de ces éléments est dense dans $\mathcal{K}(\complement \omega)$, on voit que $\complement \overline{\omega}$ est de mesure nulle pour μ, autrement dit μ est portée par $\overline{\omega}$.

Nous sommes maintenant en mesure d'établir les résultats fon= damentaux de la théorie du potentiel dans les espaces de Dirichlet réguliers; la démonstration du théorème suivant a été imaginée il y a longtemps par A. Beurling (bien avant l'étude systématique des espaces de Dirichlet, mais il ne l'avait pas publiée); elle illustre bien la puissance et la simplicité de la méthode des contractions.

Théorème d'équilibre. Soit ω un ouvert borné; il existe un potentiel pur u_μ vérifiant $0 \leq u_\mu \leq 1$, $u_\mu = 1$ sur ω, et tel que μ soit portée par l'adhérence $\overline{\omega}$; parmi ces potentiels, celui dont la nor= me est minima est appelé le potentiel d'équilibre de ω; son énergie est appelée la capacité de ω.

En effet soit ω un ouvert tel qu'il existe un élément u de H vérifiant $u = 1$ sur ω; c'est toujours le cas si ω est borné, car, d'après l'axiome (2), il existe alors $\varphi \in \mathcal{K} \cap H$, avec $\mathcal{R}_e \varphi \geq 1$ sur ω; par conséquent l'élément $u = T\varphi$, où T est la contraction fondamentale, convient.

Soit U_ω l'ensemble des éléments v de H vérifiant $\mathcal{R}_e v \geq 1 = \mathcal{R}_e u$ sur ω; d'après le lemme 3, l'unique élé= ment de U_ω dont la norme est minimum est un potentiel pur u_μ, engendré par une mesure μ portée par $\bar{\omega}$; comme Tu_μ est en=core un élément de U_ω, et qu'on a $\|Tu_\mu\| \leq \|u_\mu\|$, on a nécessairement $Tu_\mu = u_\mu$, autrement dit $0 \leq u_\mu \leq 1$, ce qui achève la démonstration.

Remarques. 1°) Etant donné un ouvert ω on a posé $U_\omega = \{u \in H; \mathcal{R}_e u \geq 1 \text{ sur } \omega\}$; si U_ω n'est pas vide, on a évidemment $\operatorname{cap}(\omega) = \inf_{u \in U_\omega} \|u\|^2$; sinon on pose $\operatorname{cap}(\omega) = +\infty$. La capacité est évidemment une fonction croissante d'ouverts ; elle est fortement sous-additive, autrement dit on a, pour tout couple d'ouverts ω_1, et ω_2,

$$\operatorname{cap}(\omega_1 \cup \omega_2) + \operatorname{cap}(\omega_1 \cap \omega_2) \leq \operatorname{cap}(\omega_1) + \operatorname{cap}(\omega_2),$$

comme cela résulte facilement de la propriété 5° des espaces de Di=richlet généraux (voir chapitre 2) appliquée aux potentiels d'équilibre de ω_1 et ω_2 (si ces ouverts sont de capacité finie).

On en déduit facilement que la capacité est une fonction σ - sous-additive d'ensembles ouverts : $\operatorname{cap}(\bigcup \omega_n) \leq \sum_n \operatorname{cap}(\omega_n)$ pour toute suite d'ouverts ω_n. Une étude un peu plus approfondie permettrait d'établir que la capacité est une fonction d'ensembles ouverts qui est alternée d'ordre infini au sens de Choquet.

2°) La capacité d'un ouvert de capacité finie est la masse totale de la mesure d'équilibre (i.e. la mesure associée au potentiel d'équili=bre u_μ).

En effet, si ω est borné, il existe un élément φ de $\mathcal{K}_+ \cap H$ égal à 1 dans un voisinage de ω (on construit un tel élément en u=tilisant la contraction fondamentale); d'après le lemme 3, u_μ est orthogonal à N_ω, donc $a(u_\mu, u_\mu - \varphi) = 0$, d'où

$$\operatorname{cap}(\omega) = \|u_\mu\|^2 = (u_\mu, \varphi) = \int \varphi \, d\mu = \int d\mu .$$

Le résultat est encore valable dans le cas d'un ouvert non borné, mais on ne détaillera pas ici la démonstration.

3°) On appellera capacité extérieure d' une partie quelconque E de X la borne inférieure des capacités des ouverts contenant E ; si E est fermé, on dira "capacité" au lieu de capacité extérieure (rappelons qu'on a supposé X dénombrable à l'infini); la capacité exterieure est évidemment une fonction σ- sous-additive d'ensembles.

Théorème du balayage. Soit u_μ un potentiel pur et soit ω un ouvert quelconque de X ; il existe au moins un potentiel pur $u_{\mu'}$, vérifiant

(i) μ' est portée par l'adhérence $\bar{\omega}$ de ω ;

(ii) $u_{\mu'} \leq u_\mu$;

(iii) $u_{\mu'} = u_\mu$ sur ω ;

parmi tous les potentiels purs vérifiant ces propriétés, celui de norme minimum est appelé potentiel "balayé" de u_μ sur ω ; la mesure associée est la balayée de μ sur ω .

En effet, d'après le lemme 3, l'élément de norme minimum de l'ensemble $U = \{ v \in H \; ; \; \mathcal{R}_e v \geq u_\mu \}$ sur ω est un potentiel pur $u_{\mu'}$, dont la mesure associée μ' est portée par $\bar{\omega}$, et on a évidemment $u_{\mu'} \geq u_\mu$ sur ω ; pour montrer que $u_{\mu'}$ convient, il suffit de vérifier qu' on a $u_{\mu'} \leq u_\mu$; or, d'après le "principe de l'enveloppe inférieure" (chapitre 2, lemme 2), l'élément $\inf(u_\mu \; u_{\mu'})$ est un potentiel pur u_ν, qui est évidemment un élément de U; comme on a $u_\nu \leq u_{\mu'}$, on a aussi $\|u_\nu\| \leq \|u_{\mu'}\|$ (voir remarque suivant le lemme 2 de ce chapitre) ; mais comme $u_{\mu'}$ est l'unique élément de norme minimum de U , on a nécessairement $u_\nu = u_{\mu'}$, d'où le résultat.

Remarque 1 . Le potentiel balayé $u_{\mu'}$ n'est autre que la projection de u_μ sur le sous-espace $N_\omega^\perp$, orthogonal de l'ensemble N_ω des éléments de H nuls sur ω.

En effet $u_{\mu'}$ est orthogonal à N_ω, d'après le lemme 3 ; d'autre part $u_\mu - u_{\mu'}$ est un élément de N_ω, d'après la propriété (iii), d'où le résultat. Cette interprétation du balayage comme proje= ction orthogonale est très importante pour certains problèmes d'analyse harmonique.

Remarque 2. La masse totale de la mesure balayée μ' est au plus égale à la masse totale de la mesure μ.

C'est un cas particulier du résultat suivant, qu'on peut appe= ler "principe de positivité des masses" : si u_μ et u_ν sont deux po= tentiels purs vérifiant $u_\nu \leq u_\mu$, on a $\int d\nu \leq \int d\mu$. Pour le voir on peut supposer que ν est à support compact. Il suffit alors de construire une suite d'élément φ_n de $\mathcal{K}_+ \cap H$, égaux à 1 sur un voisinage du support de ν, ≤ 1 partout et convergeant vers un potentiel pur u, ce qui est facile ; on a alors

$$0 \leq (u, u_\mu - u_\nu)_H = \lim_n (\varphi_n\, u_\mu - u_\nu)_H = \lim_n \int \varphi_n d\mu - \int d\nu \leq \int d\mu - \int d\nu,$$

d'où le résultat.

Théorème des condensateurs. Soient ω_1 et ω_2 deux ouverts dont les adhérences sont disjointes, ω_1 étant relativement compact ; il existe un potentiel réel u_μ avec $\mu = \sigma - \tau$, vérifiant les propriétés suivantes :

(i) σ est une mesure positive portée par $\bar{\omega}_1$, τ une mesure po= sitive portée par $\bar{\omega}_0$;

(ii) $0 \leq u_\mu \leq 1$;

(iii) $u_\mu = 1$ sur ω_1, $u_\mu = 0$ sur ω_0

On ne donnera pas le détail de la démonstration ; elle est analogue à celle du théorème d'équilibre, qui en est un cas particulier (cas où $\omega_0 = \emptyset$) ; l'idée est évidemment de considérer l'élément de norme minimum parmi tous les éléments v de H vérifiant $\mathcal{R}_e v \geq 1$ sur ω_1, et $\mathcal{R}_e v \leq 0$ sur ω_0, ensemble non vide d'après l'axiome (2) des espaces de Dirichlet réguliers.

On peut prouver qu'on a $\int d\tau \leq \int d\sigma$, mais il n'est pas évident, dans le cas général, que les mesures σ et τ soient d'énergie finie autrement dit que u_μ soit la différence de deux potentiels purs ; on peut cependant montrer qu'il en est ainsi lorsque les "multiplicateurs" (fonctions f continues sur X telles que $fu \in H$ pour tout $u \in H$) séparent les points de X, ce qui est le cas lorsque H est un espace de Dirichlet sur $\mathbb{R}^m$ invariant par les translations (voir le chapitre 6), mais non en général ; l'étude des multiplicateurs sur un espace de Dirichlet est un sujet difficile et attrayant, sur lequel A. Beurling a obtenu un certain nombre de jolis résultats entièrement inédits.

Nous allons maintenant introduire une notion nouvelle qui nous permettra d'établir un théorème dont les relations avec l'analyse harmonique seront expliquées au chapitre 6 :

Définition 2. Soit u un élément de l'espace de Dirichlet régulier H ; on appelle ouvert régulier pour u tout ouvert ω de X tel qu'on ait $(u, \varphi) = 0$ pour tout élément $\varphi \in \mathcal{K} \cap H$ à support dans ω ; on appelle ensemble singulier ou spectre de u le complémentaire $\sigma(u)$ du plus grand ouvert régulier pour u.

Cette définition demande une justification : il faut montrer que la réunion de deux ouverts ω_1, et ω_2 réguliers pour u est un ouvert ω régulier pour u (alors, d'après Borel-Lebesgue, toute réunion d'ouverts réguliers sera un ouvert régulier, d'où l'existence d'un plus grand ouvert régulier) ; soit donc $\varphi \in \mathcal{K} \cap H$ à support dans ω, posons

$K = \text{supp}(\varphi)\ \omega_2$; soit V un voisinage compact de K contenu dans ω_1 et soit $\psi \in \mathcal{K} \cap H$, vérifiant $\psi = 1$ sur V et $\text{supp}(\psi) \subset \omega_1$ (il en exist) ; on a $\varphi = \varphi_1 + \varphi_2$, avec $\varphi_1 = \varphi\psi$ et $\varphi_2 = \varphi - \varphi\psi$; le produit de deux élément bornés de H étant dans H (chapitre 2, propriété (4) des espaces de Dirichlet), on a $\varphi_i \in \mathcal{K} \cap H$ et $\text{supp}(\varphi_i) \subset \omega_i$ (i = 1, 2) , d'où le résultat.

Exemples. 1°) Si u est un potentiel, son spectre n'est autre que le support de la mesure associée ; c'est évident d'après la relation de définition

$$(u_\mu , \varphi) = \int \varphi \, d\mu \quad \text{pour tout élément } \varphi \in \mathcal{K} \cap H .$$

2°) Dans le cas de l'espace de Dirichlet classique sur un ouvert greenien ω , le spectre de l'élément u n'est autre que le support de la distribution Δu ; cela résulte de la formule de Green

$$(u, \varphi)_H = \int \text{grad } u \, . \, \text{grad } \bar{\varphi} \, dx = - \int u \, \Delta \, \bar{\varphi} \, dx$$

qui s'applique pour $u \in H$ et $\varphi \in \mathcal{D}(\omega)$.

On aura besoin du résultat suivant : si $v \in H$ est nul dans un voisinage ouvert de $\sigma(u)$, on a $(u,v) = 0$ (c'est la définition du spectre si $v \in \mathcal{K} \cap H$) ; plus précisément :

Lemme 4. Soit ω un ouvert de X ; si N_ω est l'ensemble des éléments de H nuls sur ω et si W_ω est l'adhérence de l'ensemble des éléments à spectre contenu dans ω , alors on a $W_\omega = N_\omega^\perp$.

En effet on a $W_\omega^\perp \subset N_\omega$, car si u est orthogonal à W_ω , on a $\int u \bar{f} \, d\xi = (u, u_f) = 0$ pour toute f mesurable bornée à support compact dans ω (puisque le spectre de u_f est alors contenu dans ω), d'où $u \in N_\omega$.

Pour établir l'inclusion opposée, tout revient à prouver que tout élément v de N_ω est orthogonal à tout élément u à spectre dans ω . Or c'est évident pour $v \in \mathcal{K} \cap H$. Supposons $v \in H_+$, borné à support compact et soit $f \in \mathcal{K}_+ \cap H$ avec $f > v$ et $\operatorname{supp}(f) \cap \sigma(u) = \emptyset$ (il en existe) ; soit enfin $\varphi_n \in \mathcal{K}_+ \cap H$, convergeant vers v dans H ; alors $\alpha_n = \inf(f, \varphi_n) = \frac{1}{2}(f+\varphi_n) - \frac{1}{2}|f-\varphi_n|$ converge fortement vers $\inf(f, v) = v$, car $|f - \varphi_n|$ converge vers f-v d'après la propriété (3) des espaces de Dirichlet généraux (voir le chapitre 2) ; on a donc encore$(v, u) = \lim(\alpha_n, u) = 0$. Si v est dans H_+ considérons une suite φ_n analogue et posons $\beta_n = \inf(\varphi_n, v) = \frac{1}{2}(\varphi_n+v) - \frac{1}{2}(\varphi_n - v)$; on $(\beta_n, u) = 0$ et $v = \lim \beta_n$, car $\| |\varphi_n - v| \| \leq \| \varphi_n - v \|$ tend vers 0 , d'où encore $(u, v) = 0$. Enfin si v est un élément quelconque de H (nul au voisinage du spectre de u) il suffit de l'écrire sous la forme d'une combinaison linéaire de 4 éléments positifs de H nuls dans un voisinage de $\sigma(u)$.

Corollaire. La projection d'un potentiel pur sur W_ω est un potentiel pur.

C'est évident d'après le lemme 4 et la remarque 1 suivant le théorème du balayage..

Théorème de synthèse spectrale. Soit F une partie fermée de X ; le cône M_F des potentiels purs engendrés par les mesures portées par F est total dans le sous-espace W_F des éléments dont le spec= tre est contenu dans F .

On peut encore énoncer : tout élément u de H peut être approché autant qu'on veut (au sens de la norme) par des combinaisons linéaires finies de potentiels purs dont les mesures associées sont portées par le spectre de u .

Pour établir le théorème, observons qu'on a la relation

$$W_F = \bigcap_{\omega \supset F} W_\omega ,$$

ω décrivant l'ensemble des ouverts contenant F ; cela résulte immé= diatement de ce que le spectre de tout élément de W_ω est contenu dans $\bar{\omega}$.

La projection d'un potentiel pur sur W_F est donc un potentiel pur, puisque c'est le limite des projections sur les W_ω , qui sont des potentiels purs d'après le corollaire du lemme 4 ; comme les combinaisons linéaires de potentiels purs (en particulier les éléments u_f, avec $f \in M_K$) sont partout denses dans H, leurs projections sur W_F, qui sont des combinaisons linéaires d'éléments de M_F, sont partout denses dans W_F, d'où le résultat.

Corollaire. Pour qu'un élément de H soit nul, il faut et il suffit que son spectre soit de capacité nulle.

En effet, d'après le théorème de synthèse spectrale, tout re= vient à prouver qu'un ensemble fermé F de capacité nulle ne peut porter aucune mesure positive d'énergie finie non nulle. Or cela ré= sulte immédiatement de la formule suivante :

si u_μ est un potentiel pur, on a

$$\int_F d\mu \leq \|u_\mu\| \quad (\mathrm{cap}(F))^{1/2} .$$

Pour établir cette formule, il suffit de prouver que si u_μ est un potentiel pur et ω un ouvert quelconque, on a

$$\int_\omega d\mu \leq \|u_\mu\| \quad (\mathrm{cap}(\omega))^{1/2} \quad ;$$

à cet effet appelons K un compact de ω et μ_K la restriction de μ à K (on sait que c'est la mesure associeée à un potentiel pur, d'après la remarque suivant le lemme 2) ; soit φ un élément de $\mathcal{K} \cap H$, égal à 1 dans un voisinage ouvert borné V de K con= tenu dans ω ; soit enfin u_ν le potentiel d'équilibre de V ; d'a= près les relations $u_\nu - \varphi \in N_V$ et $u_\nu \in W_V$ on a

$$\int_K d\mu = \int d\mu_K = \int \varphi \, d\mu_K = (\varphi, u_{\mu_K}) = (u_\nu, u_{\mu_K}) \leq \|u_\nu\| \, \|u_{\mu_K}\|$$
$$= (\mathrm{cap}\,(V))^{1/2} \, \|u_{\mu_K}\| \leq (\mathrm{cap}(\omega))^{1/2} \, \|u_\mu\| \,,$$

d'où le résultat.

Pour achever ce chapitre donnons quelques indications sur la "complétion fonctionnelle parfaite" des espaces de Dirichlet réguliers. Rappelons que l'expression "quasi-partout" signifie "sauf sur un ensemble de capacité (extérieure) nulle ; une fonction (complexe) f sur X est dite quasi-continue si elle admet la propriété de Lusin relativement à la capacité, autrement dit si, quel que soit $\varepsilon > 0$, il existe un ouvert ω de capacité $< \varepsilon$ et telle que la restriction de f au complémentaire de ω soit continue.

Théorème. Soit u un élément de l'espace de Dirichlet régulier H ; parmi les représentants de u il existe au moins une fonction quasi-continue : deux représentants quasi-continus de u sont égaux quasi-partout ; si u^* est un représentant quasi-continu de u et si u_μ est un potentiel pur, on a

$$(\ast) \qquad (u, u_\mu) = \int u^* \, d\mu \,.$$

En effet soit u un élément de H et soit $\{\varphi_n\}$ une suite d'éléments de $\mathcal{K} \cap H$ convergeant vers u et telle que la série $\sum_n \|\varphi_{n+1} - \varphi_n\|$ soit convergente. Soit $\{a_n\}$ une suite strictement croissante de nombres réels tendant vers $+\infty$ et telle que le série $\sum_n a \, \|\varphi_{n+1} - \varphi_n\|$ soit encore convergente. Posons

$$f(x) = \sum_n a_n \, |\varphi_{n+1}(x) - \varphi_n(x)| \,;$$

La fonction semi-continue inférieurement f représente un élément de H (noté encore f) et, d'après le principe de la contraction-module, on a

$$\|f\| \leq \sum_n a_n \|\varphi_{n+1} - \varphi_n\| \,.$$

Soit ε un nombre > 0 ; appelons ω_α l'ouvert $\{x \; ; \; f(x) < \alpha\}$; comme on a $f/\alpha \geq 1$ sur ω , il vient, par définition de la capacité,

$$\mathrm{cap}(\omega_\alpha) \leq \|f\|^2/\alpha^2 ,$$

quantité arbitrairement petite pour α assez grand ; d'autre part sur le complémentaire de ω_α le série $\sum[\varphi_{n+1}(x)-\varphi_n(x)]$ est uniformément convergente, car on a

$$|\varphi_{n+1}(x) - \varphi_k(x)| \leq \alpha/a_n \qquad (x \in \complement\omega_\alpha) \; ;$$

cette série converge donc quasi-partout vers une fonction u^* qui est quasi-continue et qui représente l'élément u (on a choisi $\varphi_0 = 0$).

Soit maintenant u_μ un potentiel pur ; on a

$$(u, u_\mu) = \sum_n(\varphi_{n+1} - \varphi_n, u_\mu) = \sum_n\int(\varphi_{n+1} - \varphi_n) \, d\mu \; ;$$

mais on peut intervertir les symboles de sommation et d'intégration , car on a, en utilisant la contraction-module,

$$\sum_n\int|\varphi_{n+1} - \varphi_n| \, d\mu \leq \sum\|\varphi_{n+1} - \varphi_n\| \, \|u_\mu\| < \infty ;$$

la fonction u^* est donc μ-intégrable, et la formule (*) est bien vérifiée.

Pour achever la démonstration, il resterait à prouver que deux fonctions quasi-continues qui sont presque partout égales sont quasi-partout égales, ce qui est loin d'être évident ; pour le détail, nous renvoyons à [8] , où on trouvera démontré un énoncé plus général, valable dans tout espace h. f. à noyau positif dans lequel les éléments continus sont partout denses.

L'introduction des représentants quasi-continus permet de réaliser la complétion fonctionnelle "parfaite" H^* (au sens de Aronszajn et Smith [1]) de l'espace de Dirichlet régulier H ; il suffit de prendre pour H^* l'ensemble des "éléments précisés", c'est-à-dire des classes de représentants quasi-continus d'éléments de H , deux représentants quasi-continus appartenant à la même classe si et seulement si ils sont égaux quasi-partout; chaque élément de H contient alors un élément précisé et un seul (d'après le résultat admis) ; la complétion fonctionnelle est parfaite, parce que la classe des ensembles exceptionnels (les ensembles de capacité extérieure nulle) est la plus petite possible vérifiant la propriété de définition d'Aronszajn et Smith: de toute suite de Cauchy pour la norme on peut extraire une suite convergeant sauf sur un ensemble exceptionnel. La démonstration, d'ailleurs facile, ne sera pas détaillée.

Les contractions normales opèrent sur l'espace précisé H^* ; si v^* est une contraction normale de l'élément précisé $u^* \in H^*$, alors $v^* \in H^*$ et $\|v^*\| \leq \|u^*\|$; la théorie fine du potentiel sur l'espace de Dirichlet précisé H^*, en particulier l'étude approfondie du balayage et de l'équilibre pour des ensembles très généraux, pourrait être développée à partir de cette remarque et de la formule (✿); signalons seulement les quelques propriétés suivantes :

(a) Pour qu'un élément u de l'espace de Dirichlet régulier H soit nul, il faut et il suffit que ses représentants quasi-continus soient nuls quasi-partout sur le spectre $\sigma(u)$; en effet, d'après(✿), on aura alors $(u, u_\mu) = 0$ pour tout potentiel pur u_μ tel que μ soit portée par $\sigma(u)$; le théorème de synthèse spectrale entraîne alors $u = 0$.

(b) Soit F une partie fermée de X ; le sous-espace W_F de H constitué par les éléments dont le spectre est contenu dans F est l'orthogonal du sous-espace N_F constitué par les éléments dont les représentants quasi-continus s'annulent quasi-partout sur F ;

c'est également une conséquence facile du théorème de synthèse spectrale.

(c) Soit T une contraction normale du plan complexe et soit f un représentant quasi-continu de élément u de H ; si on a $Tf(x) = f(x)$ quasi-partout sur le spectre $\sigma(u)$, alors $Tf(x) = f(x)$ quasi-partout dans tout l'espace : en effet Tf est un représentant quasi-continu de Tu ; on a donc, d'près la propriété (b) et l'axiome des contractions

$$\|Tu - u\|^2 = \|Tu\|^2 - \|u\|^2 + 2\,\mathcal{R}_e\,(u, u-Tu) \leq 0,$$

d'où $Tu = u$, ce qui entraîne $Tf(x) = f(x)$ quasi-partout, car f et Tf sont alors deux représentant quasi-continus du même élément de H.

On en déduit le "principe de l'enveloppe convexe" de Beurling soit f un représentant quasi-continu de l'élément u de H ; pour tout point x de X n'appartenant pas à un ensemble exceptionnel de capacité nulle, le nombre f(x) appartient à l'enveloppe convexe fermée C de l'ensemble $f(\sigma(u)) \cup \{0\}$; il suffit en effet d'appliquer la propriété (c) au cas où T est la "projection" sur le convexe C. En particulier la relation $|f(x)| \leq 1$ quasi-partout sur $\sigma(u)$ entraîne $|f(x)| \leq 1$ quasi-partout dans l'espace.

(d) Si U^μ et U^ν sont des représentants quasi-continus des potentiels purs u_μ et u_ν, la relation $U^\mu(x) \leq U^\nu(x) + 1$ a lieu quasi-partout dans l'espace si elle a lieu quasi-partout sur le support de μ ; cette précision du principe complet du maximum peut s'obtenir en adaptant à l'espace H la démonstration donnée au chapitre 2.

Signalons pour terminer le cas où tout élément de H admet un représentant continu borné (et un seul si on suppose que la mesure de base est partout dense, ce qu'on peut toujours faire) ; un exemple très simple est fourni par l'espace de Dirichlet classique sur l'intervalle $]0,1[$ (voir le chapitre 2) ; alors H peut être con= sidéré comme une algèbre de fonctions continues ; une telle algèbre possède des propriétés remarquables (en particulier un théorème des idéaux) énoncées dans [5] ; voir également l'article de A. Beur= ling [4] .

Chapitre 5

Recherche des formes et espaces de Dirichlet

On connait les relations étroites qui existent entre les "bonnes" théories du potentiel et les semi-groupes sous-markoviens ; en parti= culier, dans la théorie newtonienne sur R^3 , qui sert de modèle, l'o= pérateur laplacien Δ est le générateur infinitésimal du semi-groupe des distributionsde Gauss ; quant au noyau newtonien (qui est, en un certain sens, l'inverse de $-\Delta$) il peut être considéré comme la résolvante "d'indice" 0 du semi-groupe de Gauss.

L'interprétation d'un "noyau de Dirichlet" comme résolvante d'indice 0 a été brièvement mentionnée au chapitre 3 ; nous allons à présent porter notre attention sur l'opérateur inverse du noyau (s'il existe), ou plutôt sur le semi-groupe associé ; rappelons d'abord quelques définitionset propriétés des espaces de Hilbert.

Soit E un espace de Hilbert complexe et soit V un sous espace de E qu'on supposera partout dense. Une forme hermitien= ne positive Q définie sur V est dite fermée si V , muni du pro= duit scalaire

$$(x,y)_V = (x,y) + Q(x,y)$$

est complet. On appelle générateur de la forme Q l'opérateur (au= toadjoint négatif) A défini par la relation

(1) $\quad Q(x,y) = -(Ax,y) \qquad (y \in V)$

sur l'ensemble des vecteurs x de V auxquels on peut associer un tel vecteur Ax . L'exemple-type est la forme de Direchlet classique sur un ouvert quelconque ω de R^m ; alors V est constitué par les fonctions mesurables de carré intégrable sur ω dont les dérivées au sens des distributions sont de carré intégrable ; A n'est autre que le laplacien (au sens des distributions).

Inversement tout opérateur autoadjoint négatif A est le générateur d'une forme hermitienne positive fermée (h. p. f.) Q et une seule vérifiant (1) ; le domaine V de Q s'obtient par complétion du domaine de A pour le produit scalaire $(x,y) - (Ax,y)$; c'est aussi le domaine de l'opérateur autoadjoint $(-A)^{1/2}$, et on a $Q(x) = \|(-A)^{1/2} x\|^2$ pour tout $x \in V$.

D'autre part on soit que tout opérateur autoadjoint négatif est le générateur infinitésimal d'un semi-groupe (fortement continu, à contractions) d'opérateurs hermitiens $\{P_t\}_{t \geqslant 0}$, et inversement le générateur d'un tel semi-groupe est autoadjoint négatif. Il existe donc une bijection canonique entre l'ensemble des formes h. p. f. et l'ensemble des semi-groupes d'opérateurs hermitiens ; cette correspondance peut être explicitée sans faire intervenir le générateur :

Lemme 1 . Soit Q la forme h. p. f. associée au semi-groupe d'opérateur hermitiens $\{P_t\}_{t \geqslant 0}$; pour tout x de E la fonction

$$t \longrightarrow Q_t(x) = \frac{1}{t}(x - P_t x, \; x)$$

est décroissante ; lorsque t tend vers 0, $Q_t(x)$ tend vers $Q(x)$ si x appartient au domaine V de Q , vers $+\infty$ dans le cas contraire.

Ce résultat, qui peut aussi s'établir d'une manière très élémentaire, est une conséquence immédiate du théorème de représentation spectrale ; en effet, si on pose $-A = \int \lambda \, dE_\lambda$, il vient

$$Q_t(x) = \int \frac{1 - e^{-\lambda t}}{t} \, d(E_\lambda x, \; x) \; ;$$

la décroissance de la fonction : $t \longrightarrow Q_t(x)$ en résulte immédiatement, et on a

$$\lim_{t \to 0} Q_t(x) = \int \lambda \, d(E_\lambda \; x, \; x) \quad ,$$

quantité qui est finie si et seulement si x appartient au domaine de $(-A)^{\frac{1}{2}}$, donc au domaine de Q ; elle vaut alors $\| (-A)^{\frac{1}{2}} x \|^2$, c'est-à-dire Q(x).

La forme hermitienne continue Q_t sera dite <u>forme approchée d'indice</u> t ; une autre famille de formes approchées, les formes continues $Q'_\lambda (x) = \lambda (x - \lambda R_\lambda x, x)$, construites à l'aide des résolvantes R_λ du semi-groupe, pourrait rendre des services analogues.

Nous n'utiliseronspas ces derniéres formes, mais nous aurons besoin d'une propriété extrémale des résolvantes :

<u>Lemme</u> 2 . <u>Soit</u> Q <u>une forme h.p.f., de domaine</u> V ; <u>soit</u> $\{P_t\}_{t \geq 0}$ <u>le semi-groupe d'opérateurs hermitiens associés, et soit</u> $\{R_\lambda\}_{\lambda > 0}$ <u>la famille résolvante du semi-groupe. Pour tout</u> x <u>de</u> E , $\lambda R_\lambda x$ <u>est l'unique élément de</u> V <u>qui minimise la fonction</u>

$$F(y) = Q(y) + \lambda \|y - x\|^2 .$$

En effet, pour tout $\lambda > 0$, V est complet lorsqu'on le munit de la norme $(Q(.) + \lambda \|.\|^2)$ (par définition). Un argument de convexité classique prouve l'existence d'un élément $\xi \in V$ unique minimisant F ; il vient donc, pour tout t complexe et tout y de V ,

$$Q(\xi + ty) + \lambda \|\xi - x + ty\|^2 \geq Q(\xi) + \lambda \|\xi - x\|^2,$$

d'où, en developpant et faisant tendre t vers 0 ,

$$Q(\xi, y) + \lambda (\xi - x, y) = 0$$

d'après (1) $\xi - x$ est donc un élément du domaine du générateur A, et on a $\lambda (\xi - x) = A \xi$; comme, par définition, R_λ est l'inverse de $\lambda I - A$, on a bien $\xi = \lambda R_\lambda x$.

Rappelons encore un schéma classique concernant la forme adjointe de la forme h.p.f. Q ; on appellera <u>énérgie</u> de l'élément y de E le nombre

$$I(y) = \int_0^{\infty} (P_t y, y)\, dt = \lim_{\lambda \to 0} (R_\lambda y, y) = \int \frac{1}{\lambda}\, d(E_\lambda y, y) \leq +\infty .$$

La terminologie est justifiée par la considération du modèle newtonien : E est l'espace $L^2(\omega)$, où ω est un ouvert greenien ; Q est la forme de Dirichlet classique ; alors I(f) est proportionnel à

$\iint G(\xi, \eta)\, f(\xi)\, \overline{f(\eta)}\, d\xi\, d\eta$, où G est la fonction de Green de ω (la vérification est immédiate lorsque $\omega = R^m$, avec $m \geq 3$) ; c'est donc l'énergie newtonienne de la mesure de densité f .

Ce nombre I(y) définit donc une forme hermitienne positive (la forme-énergie) sur l'ensemble W des éléments d'énergie finie.

On ne détaillera pas la démonstration du résultat suivant, d'ailleurs facile et bien classique :

Lemme 3 . Soit Q une forme h.p.f. de domaine V ; pour que Q soit définie positive, il faut et il suffit que l'ensemble des éléments d'énergie finie soit partout dense dans E ; l'énergie d'un élément y de E est donnée par

$$I(y) = \sup_{\substack{x \in V \\ Q(x) \neq 0}} \frac{|(x, y)|^2}{Q(x)}$$

Nous sommes maintenant en mesure d'étudier les "formes" de Dirichlet :

Definition . Soit ξ une mesure ≥ 0 sur un espace localement compact X et soit Q une forme h.p.f. sur $L^2(\xi)$; on dit que Q est une forme de Dirichlet si les contractions normales opèrent sur Q , autrement dit : si u appartient au domaine V de Q (supposé partout dense) et si v est une contraction normale de u , on a $v \in V$ et $Q(v) \leq Q(u)$.

Par exemple si H est un espace de Dirichlet <u>régulier</u>, mu= ni d'un norme notés $\|.\|$, la forme Q définie par $Q(u) = \|u\|^2$ est une forme de Dirichlet définie sur $V = H \cap L^2$; en effet V est partout dense dans L^2, puisqu'il contient $H \cap \mathcal{K}$, qui est partout dense dans $\mathcal{K}$, donc dans L^2 ; cette forme est fermée, car il est évident que V est complet pour la norme : $u \longrightarrow (\|u\|^2 + \int |u|^2 d\xi)^{1/2}$; enfin les contractions normales opèrent sur Q ; à noter cependant que la forme de Dirichlet classique $u \longrightarrow |\text{grad } u|^2 d\xi$, qui est associée à un espace de Dirichlet régulier lorsque ω est un ouvert greenien, est, <u>dans tous les cas,</u> une forme de Dirichlet .

Voici alors le résultat essentiel de ce chapitre ; nous renvoyons au chapitre 3 pour la définition des opérateurs sous-markoviens sur $L^2(\xi)$ et celle des mesures sous-markoviennes :

<u>Théorème 1</u>. <u>Soit</u> ξ <u>une mesure positive sur l'espace localement compact</u> X <u>et soit</u> H <u>une forme h.p.f. sur</u> $L^2(\xi)$: <u>soit</u> $\{P_t\}_{t \geq 0}$ <u>le semi-groupe d'opérateurs hermitiens associé</u> ; <u>pour que</u> Q <u>soit une forme de Dirichlet, il faut et il suffit que les</u> P_t <u>soient sous-markoviens sur</u> $L^2(\xi)$.

Supposons en effet que Q soit une forme de Dirichlet ; tout revient à montrer que, pour tout $\lambda > 0$, l'opérateur λR_λ est sous-markovien sur L^2 , c'est-à-dire transforme toute fonction de L^2 à valeurs comprises entre 0 et 1 (presque partout) en une fonction de même nature ; en effet, pour une telle fonction u , on aura

$$P_t u = \lim_{\lambda \to \infty} e^{t\lambda(\lambda R - I)} u = \lim_{\lambda \to \infty} e^{-\lambda t} \sum_{n=0}^{\infty} (\lambda t)^n \frac{(\lambda R_\lambda)^n}{n!} u ,$$

donc $P_t u$ sera aussi à valeurs comprises entre 0 et 1 .

Pour prouver que λR_λ est sous-markovien, il suffit d'établir la propriété suivante : si u est un élément de L^2 invariant par la contraction normale T $(u = Tu)$, $\lambda R_\lambda u$ est aussi invariant par T; si en effet on prend pour T la contraction fondamentale, on retombe sur la définition des opérateurs sous-markoviens. Or cette propriété résulte facilement de la propriété extrémale des résolvantes (lemme 2); en effet $\lambda R_\lambda u$ est l'unique élément v de V qui minimise la fonction

$$F(v) = Q(v) + \lambda \int |v-u|^2 \, d\xi \quad ;$$

pour $v = T(\lambda R_\lambda u)$ on a , d'après l'hypothèse $u = Tu$ et le fait que T opère sur Q ,

$$F(T\lambda R_\lambda u) = Q(T\lambda R_\lambda u) + \lambda \int |T\lambda R_\lambda u - u|^2 \, d\xi \leq Q(\lambda R_\lambda u) +$$

$$+ \lambda \int |\lambda R_\lambda u - u|^2 \, d\xi = F(\lambda R_\lambda u) \; ;$$

la propriété de minimum entraîne donc bien qu'on a $T\lambda R_\lambda u = \lambda R_\lambda u$.

Supposons inversement que les P_t soient sous-markoviens, et appelons α_t la mesure sous-markovienne sur $X \times X$ associée à P_t (voir le chapitre 3) ; si Q_t est la forme approchée d'indice t , on a, d'après un calcul déjà fait (voir la démonstration du théorème du chapitre 3)

$$(2) \quad Q_t(u) = \frac{1}{t}(u-P_t u, u) = \frac{1}{t}\int |u|^2 (1-a_t) d\xi + \frac{1}{2t} \iint |u(x)-u(y)|^2 \, d\alpha_t(x,y)$$

où a_t est la densité par rapport à ξ de la mesure projection de α_t sur X . Si donc v est une contraction normale de u, on a $Q_t(v) \leq Q_t(u) \leq Q(u)$, et on conclut facilement grâce au lemme 1 , en faisant tendre t vers 0, qu'on a bien $v \in V$ et $Q(v) \leq Q(u)$.

Remarques 1°) Dans la première partie de la démonstration, on a seulement utilisé la contraction fondamentale ; la forme Q est donc une forme de Dirichlet dès que la contraction fondamentale opère sur Q.
2°) La formule (2) donne une expression explicite des formes approchées

Q_t à l'aide d'intégrales, et le forme même de ces intégrales montre clairement que les contractions normales opèrent sur les Q_t (et par conséquent sur leur limite Q). Il serait souhaitable d'avoir une re= présentation intégrale analogue pour la forme Q elle-même ; ce n'est pas un problème facile, du moins dans le cas général ; il est ana= logue à celui de la détermination des semi-groupes de Feller (dans un cadre un peu différent, il est vrai). S'il existe "suffisamment" de fonctions continues à support compact dans le domaine V de Q, on peut montrer qu'il existe une mesure $\mu \geq 0$ sur X, une mesure $\alpha \geq 0$ sur le complémentaire de la diagonale de $X \times X$, et une for= me de Dirichlet "locale" L telles qu'on ait pour tout élément u de $\mathcal{K} \cap V$,

$$Q(u) = \int |u|^2 d\mu + \iint |u(x)-u(y)|^2 d\alpha(x,y) + L(u);$$

la forme L est locale en ce sens qu'on a $L(u,v) = 0$ si v est con= stante dans un voisinage du support de u ; l'opérateur associé A est alors un opérateur local ; c'est le cas de la forme de Dirichlet classi= que (dans le cas général c'est cette partie locale qui est la source des plus sérieuses difficultés). Il n'est pas surprenant que la mesure ξ ne figure pas explicitement dans l'expression ci-dessus, car on a observé qu'elle ne jouait qu'un rôle auxilliaire.

Le problème de la représentation explicite des formes de Di= richlet sera entièrement résolu au chapitre 6 dans le cas des formes de Dirichlet sur un groupe abélien localement compact, qui sont in= variantes par les translations du groupe. Pour achever ce chapi= tre, nous allons caractériser celles des formes de Dirichlet qui sont associées à un espace de Dirichlet.

Théorème 2 . Soit Q une forme de Dirichlet, de domaine V ; soit

$\{P_t\}_{t \geq 0}$ le semi-groupe d'opérateurs sous-markoviens associés; pour que Q soit définie positive et pour que l'espace de Hilbert $\hat{V}$, obtenu en complétant V pour la norme $Q^{1/2}$, soit un espace de Dirichlet de base ξ (autrement dit soit plongeable dans $L^1_{loc}(\xi)$), il faut et il suffit que, pour toute fonction f mesurable bornée à support compact, on ait

$$(3) \qquad (P_t f, f)_{L^2} \, dt < +\infty .$$

La condition est évidemment nécessaire : soit en effet f un élément de M_K, et soit u_f le "potentiel" engendré par f dans l'espace de Dirichlet $\hat{V}$, dont la norme $\|.\|$ coïncide avec $Q^{1/2}$ sur V ; d'après le lemme 3 on a

$$\int_0^\infty (P_t f, f)_{L^2} \, dt = I(f) = \sup_{\substack{u \in V \\ u \neq 0}} \frac{\left|\int u \bar{f} \, d\xi\right|^2}{\|u\|^2} = \sup_{\substack{u \in V \\ u \neq 0}} \frac{|(u, u_f)|^2}{\|u\|^2} = \|u_f\|^2 < +\infty .$$

Incidemment, on a montré que l'énergie de f est le carré de la norme du potentiel u_f, ce qui justifie la terminologie.

Supposons inversement que les éléments f de M_K soient d'énergie fini; d'après le lemme 3, la forme Q est définie positive, car M_K est dense dans $L^2(\xi)$; donc $Q^{1/2}$ est une norme sur V, notée $\|.\|$. Toujours d'après le lemme 3, on a, pour tout élément u et V et tout compact K de X .

$$\int |u| \, d\xi = \int u \frac{\bar{u}}{u} \chi_K \, d\xi \leq \|u\| \quad (I(\chi_K))^{1/2} = C \, \|u\|$$

(on a posé $\bar{u}/u = 0$ si $u = 0$ et tenu compte de ce que $I(g) = \int_0^\infty (P_t g, g)_{L^2} \, dt \leq I(|g|)$, car les P_t sont sous-markoviens sur L^2). Soit $\hat{V}$ l'espace de Hilbert (abstrait) complété de V pour la norme $\|.\|$. D'après l'inégalité établie il existe une application linéaire continue canonique de $\hat{V}$ dans L^1_{loc}, soit θ

Montrons que θ est injective ; à cet effet on peut observer que si f est un élément de M_K, plus généralement un élément d'énergie finie, on a $I(R_\lambda f) < +\infty$, où R_λ désigne la résolvante d'indice $\lambda > 0$; en effet on a

$$I(R_\lambda f) = \int_0^\infty (P_t R_\lambda f, R_\lambda f)_{L^2}\, dt = \int_0^\infty \| P_{t/2} R_\lambda f \|^2\, dt$$
$$\leq \|R_\lambda\|^2 \int_0^\infty (P_t f, f)_{L^2}\, dt = \|R_\lambda\|^2\, I(f) .$$

Soit alors $\{u_n\}$ une suite de Cauchy sur V, et soit u la limite dans $\hat{V}$; évidemment u_n converge vers θu dans L^1_{loc}, et on a

$$\lim_n \int u_n R_\lambda f\, d\xi = \int \theta u\, R_\lambda f\, d\xi ,$$

car la suite $\{u_n R_\lambda f\}$ est une suite de Cauchy dans L^1, d'après la relation

$$\int |u_{n+p} - u_n|\, |R_\lambda f|\, d\xi \leq \|u_{n+p} - u_n\|\, (I(R_\lambda |f|))^{1/2}$$

qui s'obtient en utilisant le lemme 3 et le fait que la contraction-module opère sur Q. On a donc, pour tout $\lambda > 0$,

$$(5) \qquad (u, R_\lambda f) = \lim_n (u_n, R_\lambda f) = \lim_n \int u_n (\bar{f} - \lambda R_\lambda \bar{f})\, d\xi$$
$$= \int \theta u\, (\bar{f} - \lambda R_\lambda \bar{f})\, d\xi$$

(on a utilisé la relation (1) et le fait qu'on a $-AR_\lambda g = g - \lambda R_\lambda g$ pour tout élément g de L^2, où A est le générateur de Q et du semi-groupe $\{P_t\}_{t \geq 0}$). Comme les éléments $R_\lambda f$ sont partout denses dans $\hat{V}$ (car on a $\lim_{\lambda \to \infty} \lambda R_\lambda f = f$ dans L^2 et dans V), la relation (5) prouve bien que l'hypothèse $\theta u = 0$ entraîne $u = 0$, autrement dit que θ est injective.

Il reste à prouver que les contractions normales opèrent sur $\hat{V}$; à cet effet considérons une contraction normale T du plan complexe, un élément u de $\hat{V}$ et une suite d'élément u_n de V con=

vergeant vers u dans $\hat{V}$; évidemment Tu_n converge vers Tu dans L^1_{loc}, car on a $\int_K |Tu_n - Tu| \alpha\xi \leq \int_K |u_n - u| \alpha\xi$ pour tout compact K (on a, bien sûr, identifié θu et u) ; d'autre part Tu_n converge faiblement dans $\hat{V}$ (toute suite bornée dans un espace h.f. de base ξ converge faiblement dès qu'elle converge dans $L^1_{loc}(\xi)$; cela résulte immédiatement de ce que les "potentiels" u_f sont partout denses) ; donc Tu est un élément de $\hat{V}$ et on a $\|Tu\| \leq \liminf_n \|Tu_n\| \leq \lim_n \|u_n\| = \|u\|$, ce qui achève la démonstration.

<u>Remarque</u>. La formule (5) se généralise immédiatement comme suit : si f et g sont deux éléments M_K, on a

$$\int_0^\infty (P_t f, g)_{L^2}\, dt = (u_f, u_g) = \int u_f \bar{g}\, d\xi .$$

Or si α_t est la mesure sous-markovienne associèe à l'opérateur P_t, on a

$$(P_t f, g)_{L^2} = \iint f(x)\, \overline{g(y)}\, d\alpha_t(x,y) .$$

Si donc on appelle κ la mesure positive définie symboliquement par

$$(6) \qquad \kappa = \int_0^\infty \alpha_t\, dt$$

on a

$$\int u_f \bar{g}\, d\xi = \iint f(x)\, \overline{g(y)}\, d\kappa(x,y) ,$$

autrement dit la formule (6) donne une représentation intégrale expli= cite du <u>noyau</u> κ associé à l'espace de Dirichlet $\hat{V}$, à l'aide d'un semi-groupe de mesures sous-markoviennes ; l'analogie de ce résul= tat et du théorème fondamental de Hunt [13], (chapitre 15) est manifeste.

J. Deny

Chapitre 6

Espaces de Dirichlet invariants par translations

Dans tout ce chapitre on se donne un groupe abélien localement compact G ; si u est une fonction complexe sur G , τ_x u désigne la fonction $y \longrightarrow u(y-x)$; on définit, d'une maniere évidente, la translatée d'une classe de fonctions mesurables pour la mesure de Haar $\xi = dx$.

Les espaces h.f. qu'on va considérer ont tous pour base le me= sure de Haar ; on dit qu'un tel espace est invariant par translations si, pour tout point x de G et tout élément u de H , on a $\tau_x u \in H$ et $\|\tau_x u\| = \|u\|$.

Il en résulte que l'application : $x \longrightarrow \tau_x u$ est une représen= tation unitaire continue de G dans $\mathcal{L}(H)$; en effet $\tau_x u$ converge fortement vers u lorsque x tend vers 0, car d'une part on a $\|\tau_x u\| = \|u\|$, d'autre part $(\tau_x u, u_f) = \int \tau_x u \, \bar{f} \, dx$ tend vers $\int u \, \bar{f} \, dx = (u, u_f)$ quand x tend vers 0, et les u_f , avec $f \in M_K$, sont partout denses dans H .

Si f est un élément de M_K et u un élément de H , on pose

$$\tau_f u = \int \tau_x u \, f(x) \, dx \qquad \text{(intégrale vectorielle) ;}$$

la fonction continue $u * f$ est évidemment un représentant continu de l'élément abstrait $\tau_f u$; il en résulte que si f et g sont deux éléments de M_K , on a

$$\tau_f u_g = u_{f*g} = u_f * g = u_g * f \ ;$$

on en déduit facilement que, si H est à noyau positif (seul cas qui sera considéré), il existe une mesure ν positive et de type positif telle qu'on ait

$$u_f = \nu * f$$

pour toute $f \in M_K$. On se trouve donc dans la situation de l'exemple 3 du chapitre 1 ; la mesure ν sera appelée le noyau de convolution de l'espace H. On a vu inversement qu'à une mesure ν positive et de type positif on peut associer un espace h. f. admettant ν pour noyau de convolution ; cet espace est évidemment invariant par les translations du groupe.

La symétrie du noyau ν entraîne que si u est un élément de H, $\check{u}$ est aussi un élément de H (on a posé $\check{u}(x) = u(-x)$) et on a $\|\check{u}\| = \|u\|$.

Voici une précision importante dans le cas d'un espace de Dirichlet régulier (voir la définition au chapitre 4) :

Lemme 1. Soit H un espace de Dirichlet régulier, invariant par les translations de G ; si u^* est un représentant quasi-continu de l'élément u de H, et si u_μ est un potentiel pur, l'intégrale

(1) $$\int u^* (x-y)\, d\mu (y)$$

existe pour tout $x \in G$; elle définit une fonction continue qui tend vers 0 à l'infini, et représente l'élément $\tau_\mu u = \int \tau_x u\, d\mu (x)$ de H.

En effet observons d'abord que, pour tout élément u de H, $\tau_x u$ converge faiblement vers 0 dans H lorsque x tend vers l'infini : c'est évident si u est à support compact, d'après la relation $(\tau_x u, u_f) = \int u(y-x)\, \bar{f}(y)\, dy$, et le cas général s'en déduit par densité.

Si u^* est un représentant quasi-continu de u, la fonction : $y \longrightarrow u^* (x-y)$ est un représentant quasi-continu de l'élément $\tau_x u$: d'après le dernier théorème du chapitre 4, l'intégrale (1) est convergente et on a

$$\int u^*(x-y)\, d\mu(y) = (\tau_x \check{u}, u) = (u, \tau_{-x} u_\mu)$$

et il suffit d'observer que l'application : $x \longrightarrow \tau_{-x} u_\mu$ est continue et tend faiblement vers 0 lorsque x tend vers l'infini. On achèvera grâce à un calcul de convolution facile.

Il résulte en particulier du lemme 1 que les régularisées $\nu * f$ du noyau assoeié à l'espace de Dirichlet H (par des éléments f de $\mathcal{K}$) tendent vers 0 à l'infini. Signalons encore, sans démonstration, cette caractérisation des potentiels purs : pour que la mesure positive μ soit d'énérgie finie, il faut et il suffit que la convolution $\nu * \mu * \check{\mu}$ ait un sens et soit une pesure à densité continue; l'énergie $\|u_\mu\|^2$ est alors la valeur à l'origine Tr $\nu * \mu * \check{\mu}$ de cette fonction continue ; en particulier la convolution $\nu * \mu$ a un sens ; c'est une mesure ayant pour densité u_μ .

Pour aborder le problème de la détermination explicite des espa= ces de Dirichlet réguliers invariants par translations, il est nécessaire de rappeler la définition et quelques propriétés des fonctions <u>définies négatives</u> ; il s'agit d'une classe de fonctions très importantes en Ana= lyse, étudiées il y a déjà longtemps, d'une part par Schoenberg à propos de plongements isométriques dans des espaces de Hilbert (voir notamment [16]), d'autre part par P. Lévy à propos des lois de probabilités indéfiniment divisibles. La terminologie est due à Beurling, qui, dans des travaux en grande partie inédits, a découvert un grand nombre de jolies propriétés de ces functions.

Une fonction complexe ψ , continue sur un groupe abélien localement compact Γ , est dite définie négative si, quel que soit le système de n éléments $\xi_1, \xi_2, \dots, \xi_n$ de Γ (n = 1, 2,...), la forme hermitienne

$$\sum_i \sum_i \left[\psi(\xi_i) + \overline{\psi}(\xi_j) \quad \psi(\xi_i - \xi_j)\right] \quad \rho_i \quad \overline{\rho_j}$$

est positive. Une telle fonction admet la symétrie hermitienne : $\psi = \tilde{\psi}$; elle est donc symétrique si elle est réelle et $\psi(0)$ est toujours réel ; la partie réelle d'une fonction définie négative est réelle et vérifie $\mathcal{R}_e\psi(\xi) \geq \psi(0) \geq 0$ pour tout ξ de Γ ; la fonction $\psi - \psi(0)$ est définie négative ; si ψ définie négative réelle est nulle en 0, $\psi^{1/2}$ est sous-additive, d'où on déduit que toute fonction définie négative réelle sur R^m est $0(|\xi|^2)$ lorsque ξ tend vers l'infini.

Exemples simples de fonctions définies négatives réelles : toute constante ≥ 0 sur Γ ; toute forme quadratique positive sur Γ, c'est-à-dire toute fonction continue ψ sur Γ vérifiant

$$2\psi(\xi) + 2\psi(\xi') = \psi(\xi + \xi') + \psi(\xi - \xi')$$

pour tout couple de points ξ et ξ' de Γ. En particulier $\xi \longrightarrow |\xi|^2$ est définie négative sur R^m.

Le résultat le plus important concernant les fonctions définies négatives est sans doute le théorème suivant, de Schoenberg [16] : <u>pour que la fonction complexe</u> ψ <u>sur</u> Γ <u>soit définie négative, il faut et il suffit qu'on ait</u> $\psi(0) \geq 0$ <u>et que, pour tout</u> $t > 0$, <u>la fonction</u> $\exp(-t\,\psi)$ <u>soit de type positif</u> (c'est une conséquence assez facile de cette remarque élémentaire : si $\sum_i \sum_i a_{ij} \rho_i \overline{\rho_i}$ est une forme hermitienne positive, $\sum_i \sum_i \exp(a_{ij}) \rho_i \rho_i$ est encore positive). Les conséquences sont nombreuses ; on en déduit en particulier :

1°) les fonctions définies négatives sont les limites uniformes sur tout compact de fonctions de la forme $C + \varphi(0) - \varphi$, où φ est de type positif ;

2°) toute fonction définie négative <u>réelle</u> admet une représentation intégrale unique de la forme

(2) $\psi(\xi) = C + \psi(\xi) + \frac{1}{2}\int \left|1 - (x, \xi)\right|^2 d\sigma(x)$

où C est une constante positive, ψ_0 une forme quadratique positive et σ une une mesure positive symètrique sur le groupe dual G privé de l'origine ; ici (x, ξ) désigne le produit scalaire de l'élément x de G et du caractère ξ de Γ ; dans le cas ou $G = \Gamma = R^m$, la formu= le s'écrit donc

(2') $\psi(\xi) = C + \psi_0(\xi) + \int \sin^2\pi(x, \xi)\, d\sigma(x)$, où σ est une me= sure positive sur $R^m \{0\}$, vérifiant $\int_{0<|x|\leq 1} |x|^2 d\sigma(x) < +\infty$ et $\int_{|x|>1} d\sigma(x) < +\infty$. C'est la formule de Lévy-Khintchine dans le cas réel ; pour une démonstration très simple de la formule (2), valable sur un groupe abélien localement compact quelcònque, voir K Harzallah [12 bis].

3°) Toute fonction de Bernstein (i.e. toute fonction positive sur R_+ ainsi que ses dérivées d'ordre impair, tandis que les dérivées pair sont ≤ 0) opère sur les fonctions définies négatives réelle ; en par= ticulier, si ψ est définie négative réelle, ψ^α est définie négative pour $0 < \alpha \leq 1$; par exemple la fonction $|\xi| \longrightarrow |\xi|^\alpha$ est définie négati= ve sur R^m pour tout α, $0 \leq \alpha \leq 2$. Récemment Harzallah [12] a montré que, réciproquement, les seules fonctions qui opèrent sur les fonctions définies négatives réelles sont les fonctions de Bernstein, mais nous n'aurons pas à utiliser ce résultat, qui est beaucoup plus difficile à établir.

4°) Si la fonction définie négative ψ est telle que $1/\psi$ soit intégrable sur un voisinage de l'origine, $1/\psi$ est intégrable sut tout compact, et c'est une fonction de type positif ; ce résultat est très facile à dé= montrer lorsqu'on a $\psi(0) > 0$, et le cas général s'obtient par pas= sage à l limite.

Voici alors le résultat essentiel de ce chapitre ; le symbole $\hat{u}$ désigne la transformée de Fourier de la fonction u de L^2, et $\hat{\nu}$ la transformée de Fourier de la mesure positif de type positif ν.

Théorème 1. Si Q est une forme de Dirichlet invariante par les translations du groupe G , de domaine V , il existe une fonction définie négative ψ sur le groupe dual Γ , telle qu'on ait

(3) $$Q(u) = \int | (\gamma)|^2 \psi(\gamma)\, d\gamma$$

pour tout élément u de V ; inversement si ψ est une fonction définie négative sur Γ , la formule (3) définit une forme de Dirichlet sur l'ensemble V des fonctions de $L^2(G)$ pour lesquelles le second membre est fini.

Pour que la forme Q soit définie positive, et que $\hat{V}$, complété de V pour la norme $Q^{1/2}$, soit un espace de Dirichlet régulier, il faut et il suffit que la fonction $1/\psi$ soit localement intégrable sur Γ ; le noyau de convolution associé à $\hat{V}$ est la mesure positive de type positif telle que $\hat{\nu} = 1/\psi$.

En effet observons d'abord que les opérateurs hermitiens et sous-markoviens sur $L^2(G)$ qui permutent avec les translations de G sont les opérateurs de convolution par les mesures positives et de type positif de masse totale ≤ 1 (c'est classique et facile) ; un semi-groupe $\{P_t\}_{t \geq 0}$ de tels opérateurs est donc l'ensemble des opérateurs de convolution par les mesures μ_t positives, symétriques, de masse totale ≤ 1, convergeant vaguement vers δ (la mesure de Dirac à l'origine de G) lorsque t tend vers 0 ; d'aprés le théorème de Schoenberg cité plus haut, il existe une bijection entre l'ensemble de ces semi-groupes $\{\mu_t\}_{t \geq 0}$ et l'ensemble des fonctions définies négatives réelles ψ telle qu'on ait, pour tout $t \geq 0$,

$$\hat{\mu}_t = \exp(-t\,\psi) \quad ,$$

où $\hat{\mu}_t$ désigne la transformée de Fourier de μ_t .

Soit alors Q une forme de Dirichlet invariante par les translations de groupe G , de domaine $V \subset L^2(G)$; appelons Q_t la forme approchée d'indice $t > 0$ $\{\mu_t\}_{t \geq 0}$ le semi-groupe de mesures positives associée, et ψ la fonction définie négative associée ; d'après la formule (2) du chapitre 5 et les propriétés élémentaires de la transformation de Fourier, on a

$$Q_t(u) = \frac{1}{t}(u - P_t u, u)_{L^2} = \frac{1}{t}\int (u - \mu_t * u)\,\bar{u}\,dx$$
$$= \int |\hat{u}|^2 \frac{1 - \exp(-t\,\psi)}{t}\, d\xi$$

d'où immédiatement (3) par passage à la limite croissante (faire décroître t vers 0). Inversement, si ψ est donnée, la formule (3) définit une forme de Dirichlet sur l'ensemble des fonctions $u \in L^2(G)$ pour lesquelles l'intégrale est finie, d'après le théorème 1 du chapitre 5. La première partie de l'énoncé est donc établie.

D'après le théorème 2 du chapitre 5 la forme de Dirichlet Q associée à la fonction définie négative réelle ψ est le carré de la norme d'un espace de Dirichlet si et seulement si on a, pour toute fonction f de M_K (voir la formule 3 du chapitre 5),

$$+\infty > \int_0^\infty (P_t f, f)_{L^2}\, dt = \int_0^\infty (f * \mu_t, f)_{L^2}\, dt = \int_0^\infty \Big[\int \exp(-t\,\psi)|\hat{f}|^2 d\xi\Big] dt$$
$$= \int \frac{|\hat{f}|^2}{\psi}\, d\xi \ .$$

Pour qu'on ait $\int |\hat{f}|^2/\psi \; d\xi < +\infty$ pour toute f de M_K, il est évidemment nécessaire que $1/\psi$ soit localement intégrable sur le groupe dual Γ ; mais cette condition est aussi suffisante, car si elle est réalisée $1/\psi$ est de type positif ; c est la transformée de Fourier (en un sens convenable ; celui des distributions si $G = R^m$) d'une mesure positive de type positif ν, et on a

$$\int f * \tilde{f} \, d\nu = \int \frac{|f|^2}{\psi} \, d\xi$$

pour toute f de M_K. L'espace de Dirichelt associé à Q est alors isométrique à l'espace $L^2(1/\psi)$ et le noyau de convolution associé est la mesure ν telle que $\hat{\nu} = 1/\psi$.

Il reste à prouver que l'espace de Dirichlet H qui vient d'être construit est régulier. Or, d'après la formule (3), H contient toute fonction u telle qu'on ait $\hat{u} \in \mathcal{K}(\Gamma)$, et l'ensemble de ces fonctions est partout dense dans H ; chacune de ces fonctions u tend vers 0 à l'infini ; la fonction $u - T_r u$ (où T_r est la "projection" sur le disque $|z| \leq r$) est donc un élément de $\mathcal{K}(G) \cap H$; comme $T_r u$ tend vers 0 quand r tend vers 0 (chapitre 2, propriété 2° des espaces de Dirichlet), on voit que $\mathcal{K} \cap H$ est dense dans H.

Finalement $\mathcal{K} \cap H$ est également dense dans $\mathcal{K}$: en effet il existe des éléments de $\mathcal{K} \cap H$ à support arbitrairement voisins de l'origine (considerer encore $u - T_r u$ avec u et r convenable) ; les combinaisons linéaires finies des translatés de ces éléments sont partout denses dans $\mathcal{K}$, ce qui achève la démonstration.

Exemples. La formule de Lévy-Khintchine donne une représentation explicite de toutes les formes de Dirichlet invariantes par les translations de R^m $(m \geq 1)$. En effet, d'après les formules (2') et (3) on obtient, par un calcul de Fourier facile :

$$Q(u) = C \int |u|^2 dx + \frac{1}{4\pi} \sum_i \sum_j a_{ij} \int \frac{\partial u}{\partial x_i} \frac{\partial \bar{u}}{\partial x_j} dx + \frac{1}{4} \iint |u(x+t) - u(x)|^2 d\sigma(t) \, dx,$$

où C est la constante ≥ 0 de (2'), σ la mesure symétrique positive dans $R^m - \{0\}$ qui figure dans (2') (rappelons qu'elle vérifie $\int_{0<|t|\leq 1} |t|^2 d\sigma(t) + \int_{|t|\geq 1} d\sigma(t) < \infty$) ; enfin les a_{ij} sont les coefficients de la forme quadratique ψ_0 de (2') ; les coefficients $1/4\pi^2$ et $1/4$ sont dûs au choix de la forme $\hat{f}(x) = \int \exp(-2\, i\pi x\xi) f(x)\, dx$ pour la transformation de Fourier.

Cette formule est valable pour tous les éléments u du domain V de Q, à condition bien entendu de prendre les dérivées $\partial u/\partial x_j$ au sens des distributions. Ce domaine V contient toujours les fonctions de classe C^1 à support compact; plus généralement il contient l'ensemble des fonctions de $L^2(R^m)$ dont les dérivées au sens des distributions sont de carré intégrable : en effet ces fonctions u sont caractérisées par la relation $\int |\hat{u}|^2 (1 + |\xi|^2)\, d\xi < +\infty$, et on a, pour toute fonction définie négative ψ, $\sup_\xi \psi(\xi)/(1+|\xi|^2) < +\infty$ d'après la propriété mentionnée plus haut : $\psi(\xi) = 0(|\xi|^2)$ quand ξ tend vers l'infini.

En particulier, pour $\psi(\xi) = |\xi|^2$, on obtient la forme de Dirichlet classique

$$Q(u) = \frac{1}{4\pi^2} |\text{grad } u|^2\, dx .$$

Le domaine de cette forme est exactement l'ensemble des fonctions de $L^2(R^m)$ dont les dérivées partielles du premier ordre (au sens des distributions) sont dans $L^2(R^m)$, et ceci quel que soit le nombre de dimensions m ; par contre l'espace de Dirichlet associé à cette forme n'existe que si le nombre m est ≥ 3 ; en effet la fonction : $\xi \longrightarrow 1/|\xi|^2$ n'est localement intégrable que pour ces valeurs de m ; le noyau associé est alors le transformé de Fourier de la fonction : $\xi \longrightarrow 1/|\xi|^2$: il est proportionnel au noyau newtonien $1/|x|^{m-2}$.

Plus généralement l'espace de Dirichlet sur R^m associé à la fonction définie négative $|\xi|^{\alpha}$ ($0 < \alpha \leq 2$) existe toujours si $m \geq 3$; pour $m = 1$ ou 2, il n'existe que pour $\alpha < m$; le noyau associé est proportionnel au noyau de M. Riesz $1/|x|^{m-\alpha}$

Remarques sur les distributions d'énérgie finie. Plaçons-nous pour simplifier sur l'espace euclidien R^m ; soit H un espace de Dirichlet régulier invariant par les translations de R^m, défini par la fonction défi= nie négative réelle ψ telle que $1/\psi$ soit localement intégrable ; on appellera ν le noyau de convolution associé à H .

Tout élément u de H définit une distribution tempérée ; en effet H est isométrique à $L^2(\psi)$; tout élément de $L^2(\psi)$ est une distribution tempérée, car $1/\psi$ est à croissance lente (puisque c'est une fonction positive de type positif ; voir L. Schwartz [17]) , c'est-a--dure qu'il existe un entier $q > 0$ vérifiant

$$\int \frac{d\xi}{(1+|\xi|^2)^q \psi(\xi)}$$

Si donc v est dans $L^2(\psi)$ on a, d'après l'inégalité de Schwarz,

$$\int \frac{|v|}{(1+|\xi|^2)^{q/2}} d\xi \leq \left(\int |v|^2 \psi \, d\xi\right)^{1/2} \left(\int \frac{d\xi}{(1+|\xi|^2)^q \psi(\xi)}\right)^{1/2}$$

donc $|v|$ est à croissance lente et par suite v est tempérée. On mon= tre de même que la convergence dans $L^2(\psi)$ entraîne la convergence au sens des distributions tempérées ; il résulte que les éléments de H sont exactement les distributions tempérées dont la transformée de Fou= rier est un élément de $L^2(\psi)$.

De même ψ étant à croissance lente, puisque $\psi(\xi) = 0(|\xi|^2)$ lorsque ξ tend vers l'infini, tout élément de $L^2(1/\psi)$ est une distri= bution tempérée ; on appellera distribution d'énérgie finie toute distri= bution tempérée S dont la transformée de Fourier $\hat{S}$ est un élément de $L^2(1/\psi)$; l'énergie de S sera par définition $I(S) = \int |\hat{S}|^2/\psi \; d\xi$.

Il y a une dualité évidente entre H et l'espace des distributions d'énergie finie ; la distribution S associée à l'élément u de H sera définie par la transformation de Fourier, en posant $\hat{S} = \hat{u}\psi$; ainsi, dans le cas newtonien, on aura $S = -\Delta u$ (à un facteur positif près), ce qui montre qu'une distribution d'énergie finie peut être une distribution authentique, et une mesure (voir à ce sujet [7]).

Dans le cas où $u = u_f$, avec $f \in M_K$, la distribution associée à u_f n'est autre que f , et on retrouve la formule donnant l'énergie de f :

$$I(f) = \int f * \tilde{f} \, d\nu = \int \frac{|\hat{f}|^2}{\psi} \, d\xi .$$

Plus généralement la distribution associée au potentiel pur u_μ n'est autre que la mesure positive μ . Les éléments de H peuvent donc être considérés comme des potentiels <u>généralisés</u> d'énergie finie, engendrés par des distributions ; les potentiels purs sont ceux qui sont engendrés par des distributions positives.

Montrons que <u>l'ensemble singulier de l'élément</u> u <u>de</u> H (voir le chapitre 4) <u>n'est autre que le support de la distribution</u> S <u>associée</u> à u ; en effet tout élément φ de $\mathcal{D}(R^m)$ appartient à H et on a

$$(u, \varphi)_H = \int \hat{u}\, \bar{\hat{\varphi}}\, \psi \, d\xi = \int \hat{S}\, \bar{\hat{\varphi}} \, d\xi = S(\bar{\varphi}) ,$$

donc les ouverts "réguliers" pour u ne sont autre que les ouverts dans lesquels S est nulle, d'où le résultat .

Si alors on appelle <u>spectre</u> d'un élément g de $L^2(1/\psi)$ le support de la distribution S telle que $\hat{S} = g$, on voit que le théorème de synthèse spectrale du chapitre 4 permet d'énoncer le

<u>Théorème</u> 2 . <u>Si ψ est une fonction définie négative réelle sur</u> R^m <u>telle que</u> $1/\psi$ <u>soit localement intégrable, la synthèse spectrale est possible dans l'espace</u> $L^2(1/\psi)$.

Autrement dit : tout élément g de $L^2(1/\psi)$ peut être approché autant qu'on veut dans cet espace par des combinaisons linéaires finies d'éléments de la forme $\hat{\mu}$, où μ est une mesure positive portée par le spectre de g .

Le problème de déterminer toutes les fonctions positives h sur un groupe abélien localement compact, telles que la synthése spectrale soit possible dans l'espace hilbertien $L^2(h)$, est intéressant et difficile; il a été inauguré il y a longtemps par Beurling [3] et de nombreux travaux y ont été consacrés. Les méthodes de théorie du potentiel permettent d'apporter quelques résultats positifs, mais le sujet est loin d'être épiusé ; pour le cas où h est le quotient de duex fonctions définies négatives sur le tore, voir [11] .

Pour terminer, nous allons donner un résultat récent de M. Ito [14] qui montre que si un noyau de convolution de Dirichlet est absolument continu, il admet une propriété de régularité remarquable.

Théorème 3 (M. Ito). Soit H un espace de Dirichlet régulier sur le groupe abélien localement compact G , invariant par translations; si le noyau de convolution ν associé à H est absolument continu par rapport à la mesure de Haar, il existe une fonction N telle que $\nu = N\,dx$ et que

1°) N est semi-continue inférieurement ;

2°) tout potentiel pur u_μ admet comme représentant quasi-continue la fonction semi-continue inférieurement, définie par l'intégrale classique

$$N\mu\ (x) = \int N(x-y)\, d\mu\ (y)\ ;$$

3°) N vérifie le classique principe de continuité : si la restriction de $N\mu$ au support de μ (supposé compact) est continue, $N\mu$ est continue dans tout l'espace G .

Nous allons seulement esquisser la démonstration ;par hypothè= se, ν est de la forme $N'\,dx$, où N' est une fonction localement inté= grable par rapport à la mesure de Haar ; il est facile de voir que, pour tout nombre $a > 0$, la fonction $\inf(N', a)$ est un potentiel pur u_{σ_a} (considérer $\inf(u_f, a)$, où f est un élément de $\mathcal{K}^+$ tel que $\int f\,dx = 1$; c'est un potentiel pur, qui converge faiblement vers $\inf(N', a)$ lorsque f "converge" vers δ) ; cette mesure σ_a est é= videmment symétrique et de masse totale ≤ 1 ; on vérifiera que σ_a converge étroitement vers δ lorsque a tend vers $+\infty$.

On pose alors

$$N_{m,n}(x) = (u_{\sigma_m}, \tau_x\, u_{\sigma_n}) \qquad \text{(m et n entiers positifs) ;}$$

cette fonction $N_{m,n}$ est le représentant continu du potentiel pur

$$\tau_{\sigma_m} u_{\sigma_n} = \tau_{\sigma_n} u_{\sigma_m} = u_{\sigma_n * \sigma_m} .$$

On pose ensuite

$$N_n(x) = \lim_{m \to \infty} N_{m,n}(x) \quad ;$$

cette fonction s.c.i. est un représentant quasi-continu de u_{σ_n} ; cela résulte de la convergence forte de $\tau_m u_{\sigma_n}$ vers u_{σ_n} (conséquence du fait que σ_m converge étroitement vers δ) et de ce que $N_{m,n}$ con= verge partout vers N_n.

Il résulte alors du lemme 1 (voir le début de ce chapitre) que la fonction

$$N_n\mu(x) = \int N_n(x-y)\, d\mu\,(y)$$

est l'unique représentant continu du potentiel pur $\tau_{\sigma_n} u_\mu$.

On pose enfin

$$N(x) = \lim_{n \to \infty} N_n(x) \ ;$$

la fonction s.c.i. $N\mu$ est un représentant quasi-continu de u_μ, car $\tau_{\sigma_n} u_\mu$ converge fortement vers u_μ et la fonction $N_n\mu$ converge partout vers $N\mu$.

Il reste à montrer que la noyau-fonction N, qui est s.c.i., vérifie le principe de continuité ; soit donc μ une mesure positive d'énergie finie à support compact, telle que la restriction de $N\mu$ au support de μ soit continue ; d'après le théorème de Dini, la convergence de $N_n\mu$ vers $N\mu$ est uniforme sur le support de μ ; donc, pour tout $\varepsilon > 0$, il existe un entier n_o tel qu'on ait, pour $n \geq n_o$

$N_n\mu(x) \leq N\mu(x) \leq N_n\mu(x) + \varepsilon$ sur le support de μ ;

la première inégalité a lieu partout dans l'espace, et la seconde a lieu quasi-partout, d'après la forme précisée du principe complet du maximum (voir la fin du chapitre 4), Donc, pour n et $p \geq n_o$, on a $|N_n\mu(x) - N_p\mu(x)| \leq \varepsilon$ quasi-partout, donc partout puisqu'il s'agit de fonctions continues. Donc la suite $N_n\mu$ converge uniformément dans tout l'espace, et comme elle converge partout vers $N\mu$, il en résulte bien que cette dernière fonction est continue.

L'intérêt du théorème d'Ito est qu'il permet de ramener la théorie du potentiel dans l'espace di Dirichlet H à l'étude de fonctions définies partout, comme dans la théorie classique du potentiel par rapport au noyau newtonien ou par rapport au noyau d'ordre α ; on peut même considérer des potentiels d'énergie infinie, effectuer le balayage d'une masse ponctuelle sur un ensemble quelconque, etc. L'énergie de la mesure $\mu \geq 0$ revêt alors la forme classique

$$I(\mu) = \iint N(x-y)\, d\mu(x)\, d\mu(y) \leq +\infty .$$

Signalons pour terminer qu'il existe des noyau de convolution de Dirichlet qui ne sont pas absolument continus : par exemple les noyaux élémentaires $\nu = \sum_{n=0}^{\infty} \sigma^n$ où σ est une mesure $\geqslant 0$ sy= métrique, de masse totale 1, telle que la série soit convergente.

Références bibliographiques

[1] N. Aronszajn and K. T. Smith, Functional spaces and functional completion (Ann. Inst. Fourier, 6 (1956) 125-185).

[2] N. Aronszajn and K. T. Smith, A characterisation of positive reproducing kernels (Amer. J. of Math. 79 (1957) 611-622).

[3] A. Beurling, Sur les spectres des fonctions (colloque d'Analyse harmonique, CNRS, Nancy 1949).

[4] A. Beurling. Construction and analysis of some convolution al= gebras (Ann. Institut Fourier 14-2 (1964) 1-32)

[5] A. Beurling and J. Deny, Dirichlet spaces (Proc. Nat. Ac. Sc. 45 (1959) 208-215).

[6] H. Cartan, Théorie di Potentiel newtonien, etc. (Bull. Soc. Math. de France 73 (1945) 74 - 106).

[7] J. Deny, Les potentiels d'énergie finie (Acta Matematica, 82 (1950) 107-183).

[8] J. Deny, Théorie de la capacité dans les espaces fonctionnels (Séminaire de Théorie du Potentiel, Paris, 9° année, 1964-65, n° 1).

[9] J. Deny, Principe complet du maximum et contraction (Ann. Inst. Fourier, 15 - 1 (1965) 259-271).

[10] J. Deny et J. L. Lions, Les espaces du type de Beppo Levi (Ann. Inst. Fourier 5 (1954) 305-370).

[11] J. P. Kahane, Quotients de fonctions définies négatives, l'après Beurling et Deny (Séminaire Bourbaki, 19° année, 1966-67, n° 315).

[12] Kh. Harzallah, Fonctions opérant sur les fonctions définies négatives (Ann. Inst. Fourier 17-1 (1967) 443-468).

[12 bis] Kh. Harzallah, Thèse (Faculté des Sciences d'Orsay, 1968).

[13] G. Hunt, Markov Processes and Potentials (Illinois J. of Math. 1 (1957) 44-93 et 316-369).

[14] M. Ito, Sur la régularité des noyaux de Dirichlet (C.R. Acad. Sc. Paris 268 (1969 867-868).

[15] G. Lion, Familles d'opérateurs et frontière en théorie du potentiel (Ann. Inst. Fourier 16-2 (1966) 389-453).

[16] I. Schoenberg, Metric spaces and positive definite functions (Trans. Amer. Math. Soc. 44(1938) 522-536).

[17] L. Schwartz, Théorie des distributions (Paris, Hermann).

[18] E. Thomas, Une axiomatique des espaces de Dirichlet (Séminaire de Théorie du Potentiel, Paris, 9° année, 1964-65, n°9).

[19] F.A. Valentine, - Convex sets, McGraw-Hill, 1964.

[20] H. Wallin, Continuous functions and potential theory (Archiv för Matematik, 5 (1963) 55-84).

CENTRO INTERNAZIONALE MATEMATICO ESTIVO

(C.I.M.E.)

J.L. DOOB

MARTINGALE THEORY - POTENTIAL THEORY

Corso tenuto a Stresa dal 2 al 10 Luglio 1969

MARTINGALE THEORY - POTENTIAL THEORY

by J. L. DOOB, University of Illinois

Let (Ω, F, P) be a probability measure space and let (X, G) be a measurable space.

A measurable function from the first space into the se= cond is called a "random variable". The second space is called the "state space".

Let I be a totally ordered set. For each t in I let F_t be a sub σ-algebre of F.

Let the state space be the line with its Borel sets and for each t in I let $x(t, .)$ be a random variable. Suppose that F_t increases with t, that $x(t, .)$ is integrable ant that $s < t$ implies that

$$\int_A x(t, .)\, dP \leq \int_A x(s, .)\, dP \tag{1}$$

for every set A in F_s. Then $\{x(t, .), t \in I\}$ is called a "super= matingale" (relative to the specified σ-algebras), a martingale if there is equality in (1).

In every version of potential theory there are analogues of superharmonic and harmonic functions.

The probabilistic analogues of these functions are super= martingales and martingales.

The notion of reduced function in this context becomes that of a reduced stochastic process and the usual arguments about reduced functions have corresponding versions.

Thus there is a completely probabilistic version of poten= tial theory.

Besides this there is a combined version, Hunt potential theory, in which a Green kernel is defined probabilistically and both probabilistic and nonprobabilistic analysis are used.

The analogues of positive superharmonic functions here are the excessive functions, essentially the functions on the state space which are positive and which when composed with the radom variables of the stochastic process involved yield supermartingales.

Finally, if a family S of continuous functions on a compact space is to be part of the family of superharmonic functions of a potential theory it is shown that very generally there are stochastic processes with state space X such that the functions in S when composed with the radom variables of the processes yield supermartingales.

CENTRO INTERNAZIONALE MATEMATICO ESTIVO

(C. I. M. E.)

G. MOKOBODZKI

CÔNES DE POTENTIELS ET NOYAUX SUBORDONNES

Corso tenuto a Stresa dal 2 al 10 Luglio 1969

CÔNES DE POTENTIELS ET NOYAUX SUBORDONNÉS

par Gabriel MOKOBODZKI

(Institut H. Poincaré)

Introduction

La théorie du potentiel s'est développée simultanément dans plusieurs directions, toutes inspirées de la théorie classique du potentiel dans R^n.

C'est ainsi que l'on fait de la théorie du potentiel en partant d'un noyau-fonction, comme le noyau newtonie , en partant d ' un processus de Markov ou d'un noyau de Hunt, en partant d'un faisceau de fonctions harmoniques ou encore en partant d'un espace de Dirichlet.

Cette pluralité de points de vue est particulièrement intéressante lorsqu'on doit résoudre un problème de théorie du potentiel ou lorsqu'on tente de rattacher à la théorie du potentiel une problématique nouvelle.

La question se pose donc à la fois d'établir les liens logiques qui existent entre ces différentes théorie et de dégager ce qu'elles ont de commun entre elles.

C'est dans cette deuxième perspective que se situe le présent cours.

Quel que soit son point de départ, toute théorie du potentiel permet de définir un cône convexe fondamental de fonctions numériques qui seront, suivant le cas, des potentiels, des fonctions surharmoniques ou des fonctions excessives.

Dans la première partie de ce cours (chapitres I et II), on établira certaines propriétés de ce cône convexe dans le cadre d ' une théorie du potentiel définie à partir d'un noyau satisfaisant au principe complet du maximum, ou, ce qui revient au même, à partir d'une famille résolvante sous-markovienne de noyaux. Dans ce cas, le cône convexe fondamental est le cône des fonctions excessives par rapport à la famille résolvante.

L'étude systématique de ce cône nous amènera à isoler la notion de cône de potentiels.

Dans la deuxième partie de ce cours (chapitre III et IV), on suivra une démarche inverse: on partira d'un cône de potentiels C et l'on associera canoniquement à chacun de ses éléments un noyau que l'on dira subordonné à C. Moyennant certaines hypothèses raisonnables, on construira, à l'aide de noyaux subordonnés à C, une famille résol= vante sous-markovienne de $(V_\lambda)_{\lambda \geqslant 0}$ de noyaux positifs qui caracté= risent le cône de potentiels C en ce sens que les fonctions excessives dé= finies uniquement à l'aide du cône C, dites fonctions C-excessives, seront exactement les fonctions excessives par rapport à la résolvante $(V_\lambda)_{\lambda \geqslant 0}$

On trouvera d'autres exemples de cette démarche dans l'arti= cle de MEYER [5] , et dans les travaux de HANSEN [2] et de MO= KOBODZKI–SIBONY [8] , où la notion de fonction excessive se défi= nit par l'intermédiaire de semi-groupes d'operateurs positif.

Enfin on lira avec profit le mémoire de CHOQUET-DENY [1] qui a le double mérite d'être extrêmement clair et d'introduire un point de vue algébrique en théorie du potentiel.

G. Mokobodzki

Chapitre I

Théorie élémentaire du potentiel sur un espace mesurable.

De manière générale, on utilisera les définitions et notations du livre "Probabilité et Potentiel" de Mayer [1], qui contient un index terminologique. Il est recommandé de lire les chapitre IX et X de ce dernier livre où l'on trouvera une étude systématique qui n'a pas sa place ici.

I. Notations, définitions

Soient $(X, \mathcal{B})$ un espace mesurable, B (resp. B^+), l'espace des fonctions numériques mesurables bornées (resp. mesurables et ≥ 0).

On dit qu'un opérateur linéaire N de B dans B est un noyau sur $(X, \mathcal{B})$, si pour tout $x \in X$, l'application de B dans R, $f \longrightarrow Nf(x)$ définit une mesure complètement additive sur $(X, \mathcal{B})$.

On dit qu'un noyau N est sous-markovien si l'on a $N1 \leq 1$.

Dans ce qui suit, on se donne un noyau positif sous-markovien N, tel que la fonction $u_o = \sum_{p \geq o} N^p 1$ soit dans B^+. L'opérateur $G = \sum_{p \geq o} N^p$ est alors un noyau positif sur $(X, \mathcal{B})$.

Définition 1 : On appelle noyau potentiel associé à N le noyau $G = \sum_{p \geq o} N^p$.

Soit $f \in B$; la fonction Gf est appelée potentiel de la fonction f.

On se servira constamment de l'identité suivante :

$NG+I=GN+I=G$

Définition 2 : On dit qu'une fonction $f \in B^+$ est excessive si l'on a $Nf \leq f$.

Théoreme 3 : Soit $f \in B^+$; la fonction $g=Gf$ est alors excessive. Inversement, si $g \in B^+$ est excessive, g est le potentiel de la fonction $(g-Ng)$.

Démonstration : Remarquons d'abord que ce théorème dépend des hypothèses que nous avons faites, à savoir que le noyau G est borné.

Soit $f \in B^+$ on a $NGf = Gf - f$, donc $NGf \leq Gf$.

Inversement, si g est excessive, $(g - Ng) \in B^+$, et $g = G(1-N)g = G(g-Ng)$.

On désignera par S le cône convexe des fonctions excessives par rapport au noyau N. Ce cône convexe définit une relation d'ordre " $\prec$ " sur B: $(v_1 \prec v_2) \Longleftrightarrow ((v_2 - v_1) \in S)$. On dira que cet ordre est l'ordre spécifique du cône S.

On va maintenant établir un certain nombre de propriétés remarquables du cône S.

Théorème 4 : 1) Pour toute suite croissante $(f_n) \in S$, majorée par un élément de S, $\sup f_n \in S$

2) Pour toute suite $(f_n) \subset S$, $\inf f_n \in S$.

Démonstration : 1) Pour tout p, on a $Nf_p \leqslant f_p$ et comme N est un noyau, $N(\sup f_p) \leqslant \sup f_p$.

2) Pour toute suite finie $\{f_1, \ldots, f_k\} \in S$, on a $N(\inf_{p \leqslant k} f_p) \leqslant (\inf f_p)_{p \leqslant k}$, et comme N est un noyau, $N(\inf_{p \geqslant 1} f_p) \leqslant \inf_{p \geqslant 1} f_p$

Définition 5 : 1) On appelle réduite d'une fonction $u \in B$, par rapport au cône S, la fonction $Ru = \inf \{v ; v \in S, \ v \geqslant u\}$

2) Pour $u \in B$ on appelle réduite de u sur un ensemble $A \subset B$, la fonction $R_u^A = R(u.1_A) = \inf \{v ; v \in S, \ v(x) \geqslant u(x) \ \forall x \in A\}$

3) On dit que $u \in B$ est portée par $A \in B$, relativement à S, si l'on a $Ru = R_u^A$

Théorème 6 : Pour toute u mesurable bornée, Ru est mesurable et excessive.

Démonstration :

Considérons la suite (u_n) définie par récurrence de la manière suivante

$u_o = u$, $u_p = \sup(u_{p-1}, Nu_{p-1})$

Comme $N1 \leqslant 1$, la suite (u_p) est croissante et bornée, et $v=\sup u_p$ vérifie $u \leqslant v$, $Nv \leqslant v$. D'autre part pour toute $w \in S$ majorant u on a $w \geqslant u_p$, donc $w \geqslant v$. Finalement, comme G est borné, on a $\lim_{p\to\infty} N^p v=0$, donc $v \geqslant \lim_p N^p v=0$; v est donc excessive, et on a $Ru = v$.

Ce procédé de construction de la réduite nous donnera sans grand effort le lemme suivant :

Théorème 7 : Si $u=Gf$, alors $Ru = G\phi$, avec $0 \leqslant \phi \leqslant f^+$.

Démonstration:

Considérons l'opérateur $H : u \longrightarrow \sup(u, Nu)$.

Si l'on pose $f = (I-N)u$, on obtient

$$\begin{aligned}(I-N)Hu &= (I-N)\,[\ \sup(Gf, NGf)\ ]\\ &= (I-N)\,[\ \sup(Gf, Gf-f)\ ]\\ &= (I-N)\,[Gf+f^-] = f+(I-N)f^-\\ &= f^+ - Nf^-\end{aligned}$$

Considérons l'opérateur $T : f \to (f^+ - N(f^-))$: on peut alors écrire $Hu = GT(I-N)u$, et pour tout entier p

$$H^p u = GT^p(I-N)u\,.$$

Montrons que pour toute f mesurable bornée, $\lim_{p\to\infty} T^p f = \phi$ existe, et que $0 \leqslant \phi \leqslant f^+$; le lemme en résultera aussitôt, car nous aurons $Ru=\lim_{p\to\infty} H^p u = G_N(\lim_{p\to\infty} T^p(I-N)u)=g_N\phi$.

Or on a $(Tf)^+ \leqslant f^+$, et $(Tf)^- \leqslant N(f^-)$, de sorte que la suite $(T^pf)^+$ est décroissante, et que pour tout p, $(T^pf)^- \leqslant N^p(f^-)$.

Comme $G(f^-)$ est bornée, on a $\lim_{p\to\infty} N^p(f^-) =0$. Il en résulte aussitôt que T^pf converge vers une limite comprise entre 0 et f^+, en fait T^pf con= verge vers $\inf_p(T^pf)^+$.

Les énoncés qui suivent sont des conséquences faciles ou des reformulations du lemme 2.

Théorème 8 : Soient u_1 et u_2 deux fonctions excessives bornées. Alors $R(u_1-u_2)$ et $u_1-R(u_1-u_2)$ sont excessives (autrement dit $R(u_1-u_2) \prec u_1$).

Démonstration :

Posons $(I-N)u_1=f_1$, $(I-N)u_2=f_2$; les fonctions f_1,f_2 sont positives, et $u_1=G\,f_1$, $u_2=G\,f_2$. D'après le lemme précédent $R(u_1-u_2) = G\,\varphi$ avec $0 \leqslant \varphi \leqslant (f_1-f_2)^+ \leqslant f_1$. Par suite $u_1-R(u_1-u_2) = G\,(f_1-\varphi)$ qui est une fonction excessive.

Corollaire 9 : Soient u mesurable bornée, Ru sa réduite. Alors

$$\{(I-N)Ru > 0\} \subset \{u = Ru\} .$$

Démonstration:

Considérons la suite

$$u_o = u\ ,\ u_{p+1} = \sup\,(u_p, Nu_p).$$

Soit x tel que $Ru(x) > u(x)$. Il existe un indice p tel que $u_{p+1}(x) > u_p(x)$. Or si $u_p = G\,f_p$ on a $u_{p+1} = u_p+f_p^-$, donc $f_p^-(x) > 0$, et $f_p^+(x) = 0$. Par construction, $Ru_p = Ru=G\,\varphi$, avec $0 \leqslant \varphi \leqslant f_p^+$, d'où $\varphi(x) = 0$ et $(I-N)Ru(x) = 0$.

Corollaire 10 : Soit $u \in B$, sa réduite.

Alors $\{(I-N)Ru > o\} \subset \{u=Ru\} \cap \{u > o\}$.

Démonstration : L'application $u \longrightarrow Ru$ de B dans B est continue pour la topologie de la convergence uniforme sur X.

Appliquons le corollaire précédent à $u-\varepsilon$. On obtient $\{(I-N)R(u-\varepsilon) > o\} \subset \{u-\varepsilon = R(u-\varepsilon)\} \subset \{u-\varepsilon \geqslant o\}$ par suite $\{(I-N)Ru > o\} \subset \{u > o\}$.

Propriétés élémentaires de l'opérateur de Réduite

a) $Ru = u \quad \forall u \in S$

b) $R(\lambda_1 u_1 + \lambda_2 u_2) \leq \lambda_1 R(u_1) + \lambda_2 R(u_2)$

c) $(u_1 \leq u_2) \Longrightarrow (Ru_1 \leq Ru_2)$

d) $(|u-v| < \varepsilon) \Longrightarrow |Ru-Rv| < \varepsilon$

En effet $Ru \leq Rv + \varepsilon$ et $Rv \leq Ru + \varepsilon$ puisque $1 \in S$

Définition 11 : I) On dit qu'un noyau V sur $(X, \mathcal{B})$ satisfait au principe de domination, si pour tous $f, g \in B^+$, $(Vf(x) \geq Vg(x)$ $\forall x \in \{g > o\}) \Longrightarrow (Vf \geq Vg)$

2) On dit qu'un noyau V sur $(X, \mathcal{B})$ satisfait au principe complet du maximum, si pour tous $f, g \in B^+$ et toute constante $a \geq o$,

$$(Vf(x) + a \geq Vg(x) \quad \forall x \in \{g > o\}) \Longrightarrow (a + Vf \geq Vg)$$

Théorème 12 : Le noyau potentiel G associé à N satisfait au principe complet du maximum.

Démonstration :Du fait que $1 \in S$, 1 est le potentiel de la fonction $(1-N1)$. Il suffit de montrer que G satisfait au principe de domination.

Soient $f, g \in B^+$ et supposons que $G\, g(x) \geq G\, f(x)$ pour a $x \in \{f > 0\}$ montrons que $G\, g \geq G\, f$.

Prenons $\varepsilon > 0$ et posons $\phi_\varepsilon = f - g - \varepsilon$, et $R(G\, \phi_\varepsilon) = G\, \Psi_\varepsilon$

On a $G\, \phi_\varepsilon(x) < 0$, donc $R(G\, \phi_\varepsilon)(x) \neq G\, \phi_\varepsilon(x)$, pour tout $x \in \{f > 0\}$, et par conséquent $\psi_\varepsilon(x) = 0$ pour $x \in \{f > 0\}$. D'autre part, $\psi_\varepsilon \leq (f-g-\varepsilon)^+$: donc $\psi_\varepsilon = 0$, et $G\phi_\varepsilon \leq 0$, d'où enfin $G\, g \geq G\, f$.

Définition 13: On dit qu'un cône convexe $S \subset B^+$ possède la propriété d'additivité des réduites si pour tous $u, v \in S$ et tout $A \in \mathcal{B}$,

$$S^A_{R(u+v)} = S^A_{Ru} + S^A_{Rv}$$

Théorème 14 : Le cône convexe S des fonctions excessives par rapport au noyau N possède la propriété d'additivité des réduites (le raisonne=

ment s'étend aux "cônes de potentiels" définis plus loin)

Démonstration : a) Pour tous $u, v_1, v_2 \in S$ tels que $u \leqslant v_1 + v_2$, il existe une décomposition de u en $u = u_1 + u_2$, avec $u_1 \in S$, $u_2 \in S$, $u_1 \leqslant v_1$, $u_2 \leqslant v_2$.

Il suffit de prendre $u_1 = R(u - v_2)$ et $u_2 = u - u_1$ (vérification facile).

b) Pour $u \in S$, $A \in \mathcal{B}$, $R_u^A = R(u. 1_A) = \inf \{ v \in S : v \geqslant u$ su

on a de manière générale, $R^A_{u_1+u_2} \leqslant R^A_{u_1} + R^A_{u_2}$; donc il existe d'après a) v_1 et $v_2 \in S$ tels que

$$v_1 + v_2 = R^A_{u_1+u_2}, \quad v_1 \leqslant R^A_{u_1}, \quad v_2 \leqslant R^A_{u_2}$$

On en tire facilement que $v_1 = R^A_{u_1}$, $v_2 = R^A_{u_2}$.

Dans le cadre de ce chapitre, on est conduit à la définition suivante :

Définition 15 : On dira qu'un cône convexe S de fonctions mesurables positives finies sur $(X, \mathcal{B})$ est un cône de potentiels s'il vérifie les propriétés suivantes:

1) Pour toute suite croissante $(f_n) \subset S$, majorée par un élément de S, $\sup_n f_n \in S$.

2) Pour tous u_1, $u_2 \in S$. $R(u_1 - u_2) \in S$ et $(u_1 - R(u_1 - u_2)) \in S$

3) Pour toute suite $(u_n) \subset S$, décroissante au sens de l'ordre ordinaire, spécifiquement majorée (c'est à dire majorée pour l'ordre défini par S) par un élément de S, on a $\inf_n u_n \in S$.

On dira que S est enveloppant (pour les fonctions bornées) si on a $R\varphi \in S$ pour toute fonction φ mesurable et bornée.

On n'exige pas que S soit stable par enveloppe inférieure.

Proposition 16 : Soit (C_n) une suite décroissante de cônes de potentiels, et soit $C_\infty = \bigcap_n C_n$. Pour $n \leqslant +\infty$, soit ${}^nR$ l'opérateur de réduite rela=

tivement au cône C_n. Alors

1) Si $u \in C_\infty - C_\infty$, ${}^n Ru$ croît avec n, on a $\lim_{n \to \infty} {}^n Ru = {}^\infty Ru$, et $\{u = {}^\infty Ru\} = \bigcap_n \{u = {}^n Ru\}$.

2) C_∞ est un cône de potentiels. Si tous les cônes C_n sont enveloppants, et si C_∞ contient une fonction majorant 1, C_∞ est aussi enveloppant, et on a ${}^\infty Ru = \sup {}^n Ru$ pour toute fonction masurable bornée u.

3) Si tous les cônes C_n sont réticulés (pour leur ordres propres) C_∞ est aussi réticulé.

<u>Démonstration</u> : Nous appuierons sur le lemme évident suivant : soit (f_n) une suite croissante, majorée par $g \in C_\infty$, telle que $f_n \in C_n$ pour tout n. Alors on a $\sup_n f_n \in C_\infty$.

Soient u_1 et $u_2 \in C_\infty$, et $u = u_1 - u_2$; pour tout $n < \infty$, C_n est un cône de potentiels, donc

$$ {}^n R(u_1 - u_2) \in C_n \quad \text{et} \quad v_n = u_1 - {}^n R(u_1 - u_2) \in C_n $$

La suite ${}^n R(u_1 - u_2)$ est croissante, majorée par $u_1 + u_2$.
On a donc $\sup_n {}^n R(u_1 - u_2) \in C_\infty$ d'après le lemme, et cette fonction est évidemment égale à ${}^\infty R(u_1 - u_2)$. L'assertion 1) en découle, car $u \leqslant {}^n Ru \leqslant {}^\infty Ru$.

Pour tout n la suite $(v_p)_{p \geqslant n}$ est contenue dans C_n, et $u_1 - v_p = {}^p R(u_1 - u_2) \in C_n$. D'après la propriété des cônes de potentiels on a $v_\infty = \inf_p v_p \in C_n$, donc $v_\infty \in C_\infty$. La vérification des autres propriétés des cônes de potentiels est immédiate.

3) Supposons tous les cônes C_n réticulés, et pour $u_1, u_2 \in C_\infty$ soient $w_n = u_1 \overset{n}{\wedge} u_2$ et $v_n = u_1 \overset{n}{\vee} u_2$, les enveloppes supérieure et inférieure de u_1 et u_2 dans C_n. La suite w_n est croissante, la suite v_n est décroissante. Par construction les fonctions $w_\infty = \sup w_n$ et $v_\infty = \inf v_n$

sont dans C_∞ . Soit $w \in C_\infty$, tel que $(w-u_1) \in C_\infty$ et $(w-u_2) \in C_\infty$; les cônes C_n étant réticulés on a $(w-w_n) \in C_n$ pour tout n, donc $w-w_\infty = \inf_n (w-w_n) \in C$.

Théorème 17 : Soit C un cône de potentiels sur $(X, \mathcal{B})$ et soit $S \subset C$ un sous-cône de C. Si S est un sous-cône héréditaire à gauche de C (une face de C) et si l'enveloppe supérieure d'une suite croissante majorée d'éléments de S appartient à S, alors S est un cône de potentiels.

Démonstration : Dire que S est héréditaire à gauche signifie que si $u \in S$, u_1, $u_2 \in C$ sont tels que $u_1+u_2 = u$, alors $u_1, u_2 \in S$.

Désignons respectivement par ${}^{C}R$ et ${}^{S}R$ les opérateurs de réduite par rapport aux cônes C et S. Pour $u_1, u_2 \in S$, on a

$$ {}^{S}R(u_1-u_2) \geqslant {}^{C}R(u_1-u_2) $$

$$ u_1 = {}^{C}R(u_1-u_2) + (u_1 - {}^{C}R(u_1-u_2)) $$

Ces deux fonctions appartiennent à C, leur somme est dans S, elles appartiennent donc à S. Il en résulte que ${}^{S}R(u_1-u_2) = {}^{C}R(u_1-u_2)$, et que S est un cône de potentiels . (La propriété 3 des cônes de po= tentiels se vérifie immédiatement).

II. Familles résolvantes (cf. Mayer [1])

Définition 18 : 1) On appelle résolvante sur $(X, \mathcal{B})$ une famille $(U_p)_{p>0}$ de noyaux sur $(X, \mathcal{B})$, telle que l'on ait

$$ \text{si } q > p \quad V_p = V_q + (q-p) V_q V_p $$

2) On dit qu'une résolvante est achevée si $U = \sup_p U_p$ est un noyau sur $(X, \mathcal{B})$

3) On dit que la résolvante est sous-markovienne si $pU_p 1 \leqslant 1$ pour tout $p > o$

Définition 19 : Soit (U_p) une résolvante sur $(X, \mathcal{B})$

G. Mokobodzki

1) On dira que $f \in B^+$ est <u>surmédiane</u> (pour la résolvante (U_p)) si $pU_p f \leq f \quad \forall p > 0$

2) On dira que $f \in B^+$ est <u>excessive</u> si f est surmédiane et si $f = \sup_p pU_p f$

<u>Lemme 20</u> : Si la <u>résolvante</u> $(U_p)_{p>0}$ est achevée et sous-markovienne et si $U = \sup_p U_p$, alors Uh est excessive pour tout $h \in B^+$

<u>Démonstration</u> : Par passage à la limite, on obtient

$U = U_p + pU_p U = U_p + pUU_p$, de sorte que si h est bornée, $\lim_{p \to \infty} U_p h = 0$

d'où $Uh = \sup_p pU_p Uh$

<u>Définition 21</u> : Soit V un noyau sur $(X, \mathcal{B})$. On dira qu'un ensemble $A \subset \mathcal{B}$ est <u>V-négligeable</u> si $V(1_A) = 0$. On dira qu'une propriété a lieu <u>V-presque partout</u> (V.p.p.) si elle a lieu sauf sur un ensemble V-négligeable.

<u>Théorème 22</u> : Soit $(U_p)_{p>0}$ une résolvante achevée, $U = \sup U_p$ et soit f une fonction surmédiane. La fonction $\tilde{f} = \sup pU_p f$ est excessive, on a $f = \tilde{f}$ U-presque partout, $\tilde{f}$ est la plus grande fonction excessive minorant f.

<u>Démonstration</u> : D'après l'équation résolvante :

$U_p - U_q = (q-p) U_p U_q$, on obtient $pU_p - qU_q = (p-q) U_q (I - pU_p)$

Les noyaux U_p sont positifs, par suite pour toute fonction surmédiane f, l'application $p \longrightarrow pU_p f$ est croissante.

Pour tout p, $f_p = pU_p f = U(p(f - pU_p f))$ est excessive, d'après le lemme 20, par suite $\tilde{f} = \sup f_p$ est excessive et il est clair que c'est la plus grande fonction excessive minorant f.

On a $U(f - pU_p f) = U_p f$ et $pU_p 1 \leq 1$ par suite, pour f bornée, $\lim_{p \to \infty} U_p = 0$ et $U(f - \tilde{f}) = 0$

Définition 23 : Pour toute f surmédiane, $\tilde{f}=\sup pU_p$ s'appelle la régularisée excessive d f.

III. Exemple fondamental de famille de cônes de potentiels

Soient $(V_\lambda)_{\lambda>0}$ une résolvante sous-markovienne achevée sur $(X,\mathcal{B})$, et $V=\sup_\lambda V_\lambda$. Posons

- $C_\lambda = \{f\in B^+ \ ; \ \lambda V_\lambda f \leq f\}$
- $C_\infty = \bigcap_\lambda C_\lambda$: c'est le cône des fonctions surmédianes bornées
- $S = \{f\in C_\infty \ ; \ f=\sup_\lambda \lambda V_\lambda f\}$: c'est le cône des fonctions excessives pour la résolvante.
- ${}^\lambda Ru = \inf\{v; v\in C_\lambda \ , \ v\geq u\}$, pour $u\in B$ et $\lambda\in]0,+\infty]$
- $Ru = \inf\{v; v\in S \ , \ v\geq u\}$, pour $u\in B$
- $(f_1 \underset{\lambda}{\prec} f_2) \Leftrightarrow ((f_2-f_1)\in C_\lambda)$, pour $f_1,f_2\in B$, $\lambda\in]0,+\infty]$
- $(f_1 \prec f_2) \Leftrightarrow ((f_2-f_1)\in S)$

D'après l'équation résolvante, on a $(I+\lambda V)=(I-\lambda V_\lambda)^{-1}$ donc le noyau λV_λ a un noyau potentiel associé borné. Les cônes C_λ sont donc des cônes de potentiels réticulés, enveloppants, stables par enveloppe inférieure dénombrable..

Montrons que $(\lambda<\mu)\Rightarrow(C_\mu\subset C_\lambda)$. En effet l'équation résolvante

$$V_\lambda - V_\mu = (\mu-\lambda)V_\lambda V_\mu$$

donne

$$\mu V_\mu - \lambda V_\lambda = (\mu-\lambda)V_\lambda\left[I-\mu V_\mu\right]$$

de sorte que pour $\lambda<\mu$ et $f\in C_\mu$ on a

$$\mu V_\mu f\leq f \text{ et } \lambda V_\lambda f\leq \mu V_\mu f, \text{ donc } f\in C_\lambda .$$

Le cône C_∞ des fonctions surmédianes est donc l'intersection d'une suite décroissante de cônes de potentiels réticulés et enveloppants: c'est donc aussi un cône de potentiels réticulé et enveloppant.

D'autre part, le cône S des fonctions excessives est héréditaire à gauche dans C, fermé pour les limites de suites croissantes : c'est donc un cône de potentiels réticulé (mais il n'est pas stable par enveloppe inférieure en géneral, contrairement à C).

Théorème 24 : Soit $(V_\lambda)_{\lambda>0}$ une résolvante achevée sous-markovienne. Le noyau $V=\sup_\lambda V_\lambda$ satisfait au principe complet du maximum.

Démonstration : Pour tout $\lambda>0$, le noyau $G_\lambda=(I-\lambda V_\lambda)^{-1}$ est borné, satisfait au principe complet du maximum et $G_\lambda = I+\lambda V$.

Soit $h\in B^+$ et posons $A=\{h>o\}$; pour tout $\lambda>o$, on a

$${}^\lambda R((Vh+\frac{h}{\lambda}).\ 1_A) = Vh+\frac{h}{\lambda} \text{ et}$$

$${}^\lambda R(1_A.\ Vh) \geq Vh+\frac{h}{\lambda} - \frac{\|h\|}{\lambda}$$

Par suite ${}^\infty R(1_A.\ Vh) = Vh$.

Incidemment nous avons démontré le lemme suivant

Lemme 25 : Soit $h\in B^+$ et w surmédiane telle que $w(x)\geq Vh(x)$ $\forall x\in\{h>o\}$, alors $w\geq Vh$.

Proposition 26 : Soient $w\in C$ et $u=V1-w$. La fonction Ru est excessive, et Ru est portée par l'ensemble $\{u=Ru\}$ au sens suivant :

$$Ru \prec V(1_{\{u=Ru\}})$$

Démonstration : L'équation résolvante donne $u=(I+\lambda V)(u-\lambda V_\lambda u)$.

Nous pouvons donc poser

$${}^\lambda Ru = (\frac{1}{\lambda}\ I + V)\ \phi_\lambda$$

avec $\quad 0 \leq \phi \leq \lambda(u-\lambda V_\lambda\ u)^+ \qquad$ (Théorème 7)

$$\{\phi_\lambda > 0\} \subset \{u= {}^\lambda Ru\} = A_\lambda \quad \text{(Corollaire9)}$$

Comme $u=V1-w$, on a $\lambda(u-\lambda V_\lambda\ u) \leq 1$, donc $\phi_\lambda \leq 1_A$, et donc pour tout $\lambda>0$

$${}^\lambda Ru + h_\lambda = (\frac{1}{\lambda}\ I + V)1_{A_\lambda} \quad (h_\lambda\in C_\lambda)$$

Faisons tendre λ vers $+\infty$, par valeurs entières, et posons $\liminf h_\lambda = h$; h est surmédiane, ${}^\lambda Ru$ tend en croissant vers ${}^\infty Ru = Ru$, A_λ tend en décroissant vers $\{u=Ru\}$ (prop. 8), et il vient donc bien que $Ru \prec V(1_{A_\lambda})$.

IV. Construction de familles résolvantes sous-markoviennes.

Lemme 27 : Soit V un noyau positif sur $(X,\mathcal{B})$ satisfaisant au principe complet du maximum. Pour tous $p \geq o$, $f \in B$, $g \in B^+$, $\lambda \geq o$, $(pVf+f \leq Vg+\lambda) \Longrightarrow (pVf \leq Vg+\lambda)$

Démonstration : On a

$$pVf^+ + f^+ \leq Vg + pVf^- + f^- + \lambda$$

et pour tout $x \in \{f^+ > o\} \subset \{f^- = o\}$

$$pVf^+(x) \leq Vg(x) + pVf^-(x) + \lambda.$$

Le noyau V satisfait au principe complet du maximum, par suite

$$pVf^+ \leq Vg + pVf^- + \lambda$$

soit $$pVf \leq Vg + \lambda$$

Lemme 28 : Soit V un noyau positif sur $(X,\mathcal{B})$ satisfaisant au principe complet du maximum.

On suppose que pour un $p > 0$, $I+pV$ est inversible dans B et l'on définit un opérateur V_p par l'équation $(I-pV_p)(I+pV)=I$.

a) l'operateur V_p est un noyau positif, et $V_p \leq V$

b) $\forall g \in B^+, \lambda > 0, \quad pV_p[Vg+\lambda] \leq Vg+\lambda$

Démonstration : Soit $h \in B$, $h=pVf+f$ ce qui implique $f=h-V_p h$.

Supposons que pour $g \in B^+$, $\lambda > 0$ on ait $h=pVf+f \leq Vg+\lambda$

D'après le lemme précédent, on doit avoir $pVf \leq Vg+\lambda$,

or $pVf=h-f=h-(h-pV_p h)=pV_p h$

On a finalement démontré que si $h \in B$, $(h \leq Vg+\lambda) \Longrightarrow (pV_p h \leq Vg+\lambda)$ ce qui donne bien $pV_p(Vg+\lambda) \leq Vg+\lambda$, et si $h \leq 0$, $pV_p h \leq 0$.

Si on développe l'identité $(I-pV_p)(I+pV)=I$, on obtient $V=V_p+pV_pV=V_p+pVV_p$, ce qui montre que V_p est un noyau, car $V_p \leq V$.

Théorème 29 : Soit V un noyau positif borné sur $(X,\mathcal{B})$ satisfaisant au principe complet du maximum. Il existe une famille $(V_p)_{p>0}$ de noyaux positifs sur $(X,\mathcal{B})$ satisfaisant aux conditions suivantes :

a) $V= V_p+pV_pV = V_p+pV V_p$, $\forall p > 0$

b) pour tous $g \in B^+$, $\lambda > 0$, $pV_p(Vg+ \lambda) \leq Vg+ \lambda$

c) $V_p-V_q=(q-p)V_pV_q=(q-p)V_qV_p$

Démonstration : La condition a) est équivalente, pour $p > 0$, à $(I-pV_p)(I+pV)=I$. Posons $A = \{p \in R^+ ; (I+pV) \text{ est inversible}\}$ l'ensemble A est ouvert et contient l'intervalle $[0, 1/\|V\|]$ et on vérifie immédiatement que si $p, q \in A$, $V_p-V_q=(q-p)V_pV_q$, par suite

$\|V_q-V_p\| \leq (q-p) \|V_p\| \|V_q\| \leq (q-p)/pq$. Par conséquent, si

$p_o=\lim\limits_{p_n \in A} p_n$, la suite V_{p_n} converge en norme vers un opérateur borné U tel que $(I-p_oU)(I+p_oV)=I$.

Par suite $p_o \in A$ et $U=V_{p_o}$, autrement dit, A est fermé dans R^+ et comme A est aussi ouvert, $A=R^+$.

Pour $p<1/\|V\|$, on a $(I-pV_p)=I+\sum_{n\geq 1} (-1)^n(pV)^n$ et

$V_p= V + V\left[\sum_{n\geq 1} (-1)^n(pV)\right]$ on en tire

$$\|V-V_p\| \leq \|V\| . \frac{p\|V\|}{1-p\|V\|}$$ de sorte que l'application

$p \to V_p$ est continue sur R^+ (En fait, cette application est analytique dans l'intervalle $]-1/\|V\|, \infty[$.)

Remarque 30 : Soit $\mathcal{C} \subset B$ un sous-espace vectoriel réticulé de B, contenant les constantes, et fermé pour la topologie de la convergence uniforme dans X. On dira qu'un opérateur linéaire positif $V: \mathcal{C} \to \mathcal{C}$

satisfait au principe complet du maximum si pour tout f, $g \in \mathscr{C}^+$ et $\lambda > 0$ $(Vf(x) \leq Vg(x) + \lambda \ \forall x \in \{f > 0\}) \Longrightarrow (Vf \leq Vg + \lambda)$

Les conclusions des lemmes 27, 28 et du théorème 29 s'étendent sans difficulté à de tels opérateurs.

Par exemple, si X est localement compact, $\mathscr{B}$ est la tribu borélienne de X et $\mathscr{C} = \mathscr{C}_b(X)$ est l'espace des fonctions numériques continues et bornées sur X.

Chapitre II

Etude du balayage par rapport à un cône convexe de fonctions s.c.i.

I. Notations, définitions . Soit Ω un espace localement compact . On désigne par C un cône convexe de fonctions numériques semi-continues inférieurement (s.c.i.) et positives sur Ω . On utilisera les symboles et définitions suivants.

$\mathcal{C}(\Omega)$ = espaces vectoriel des fonctions numériques continues

$Sf = \overline{\{f \neq o\}}$ est le support de la fonction numérique f.

Pour un ouvert $\omega \subset \Omega$

$F_K(\omega) = \{f$ numérique sur Ω ; Sf compact; $Sf \subset \omega\}$

$\mathcal{C}_K(\omega) = \mathcal{C}(\Omega) \cap F_K(\omega)$

$\mathcal{B}(\Omega)$ = tribu borélienne de Ω ; une fonction f sur Ω sera mesurable si elle est $\mathcal{B}(\Omega)$ - mesurable

$B(\Omega)$ = espace vectoriel des fonctions numériques $\mathcal{B}(\Omega)$ -mesurables.

$\Omega(C) = \bigcup_{f \in C} \{f > o\}$

H(C) = ensemble des fonctions numériques f sur Ω, telles qu'il existe $V \in C$, $V \geq |f|$.

Pour deux mesures de Radon $\mu, \nu \geq o$ sur Ω , on notera $\mu \prec \nu$, la relation $(\int v d\mu \leq \int v d\nu \quad \forall v \in C)$ et l'on dira que μ <u>est balayée de</u> ν (relativement à C) .

Pour tout $u \in H(C)$, on pose ${}^C Ru = \inf \{v \in C ; v \geq u\}$.

La fonction ${}^C Ru$ s'appelle la <u>réduite</u> de u par rapport à C. On écrira plus simplement, s'il n'y a pas d'ambiguité, Ru au lieu de ${}^C Ru$. De même pour un ensemble $A \subset \Omega$, $R\overset{A}{u} = Ru . 1_A$ s'appelle la réduite de u sur A.

On dira que u est <u>portée par $A \subset \Omega$</u>, (relativement à C) si l'on a $Ru = R\overset{A}{u}$

On dira que C est inf-stable, si pour tous $v_1, v_2 \in C$, $\inf(v_1, v_2) \in C$. On dira qu'une mesure de Radon $\nu > 0$ est <u>C-intégrable</u>, si l'on a $\int v d\nu < +\infty \ \forall v \in C$.

Nous utiliserons systématiquement les résultats suivants :

<u>Théorème de Hahn - Banach:</u> Soient E un espace vectoriel sur $\mathbb{R}$, p une application sous-linéaire de E dans , c'est à dire que pour tous $x, y \in E$, $\lambda \in R^+$, $p(\lambda x) = \lambda p(x)$; $p(x+y) \leqslant p(x)+p(y)$. Pour tout $x \in E$, il existe une forme linéaire l sur E telle que $l(y) \leqslant p(y) \ \forall y \in E$ et $l(x) = p(x)$

<u>Théorème du minimax:</u> Soient K un espace compact, (f_α) une famille filtrante décroissante, bornée inférieurement, de fonctions numériques semi-continues supérieurement. On a l'égalité $\sup_{x \in K} (\inf_\alpha f_\alpha(x)) = \inf_\alpha (\sup_{x \in K} f_\alpha(x))$.

<u>Proposition 1</u> : Pour toute u semi-continue supérieurement sur Ω, $u \in F_K(\Omega(C))$, et tout $x \in \Omega$, on a $Ru(x) =$

$= \sup_{\mu < \varepsilon_x} \int u d\mu$.

<u>Démonstration:</u> Supposons d'abord que u est continue et soit $A = Su$ son support compact. Considérons la forme sous-linéaire p sur $\mathscr{C}_K(\Omega(X))$ $f \to p(f) = \inf \{v(x),\ v \geqslant f\}$.

D'après le théorème de Hahn-Banach, il existe une forme linéaire sur $\mathscr{C}_K(\Omega(C))$ telle que $\mu(f) \leqslant p(f)$ $\forall f \in \mathscr{C}_K(\Omega(C))$ et $\mu(u) = p(u)$.

Si $f \leqslant 0$, $p(f) \leqslant 0$, donc μ est une mesure de Radon positive sur $\Omega(C)$.

Pour tous $V \in C$, et $f \in \mathscr{C}(A)$, $f \leqslant v$, on a $\mu(f) \leqslant p(f) \leqslant \leqslant p(v) = v(x)$, par suite $\int v d\mu \leqslant v(x)$, autrement dit $\mu \prec \varepsilon_x$, et l'on a $Ru(x) = \int u d\mu$. Enfin, pour toute $\nu \prec \varepsilon_x$, $Ru(x) \geqslant \int u d\nu$ ce qui démontre la proposition lorsque u est continue.

Supposons maintenant u semi-continue supérieurement bornée, de support compact $Su = A \subset \Omega(C)$ et soit (u_α) une famille filtrante décroissante, $(u_\alpha) \subset \mathscr{C}(A)$, telle que $u = \inf_\alpha u$.

Posons pour tout $x \in \Omega$, $B_x(A) = \{\mu \in \mathscr{M}^+(A), \mu \prec \varepsilon_x\}$. Cet ensemble est convexe compact pour la topologie $\sigma(\mathscr{M}(A), \mathscr{C}(A))$ les applications $\tilde{u}_\alpha : \mu \to \int u_\alpha d\mu$ sont continues sur $B_x(A)$ et l'on a

$$\tilde{u} = \inf \tilde{u}_\alpha \ , \text{ où } \tilde{u} \ : \mu \longrightarrow \int u d\mu$$

D'après le théorème du minimax,

$$\sup_{B_x(A)} \int u d\mu = \inf_\alpha \left[\sup_{\mu \in B_x(A)} \int u d\mu \right] = \inf_\alpha Ru_\alpha(x)$$

et comme $Ru \leqslant \inf_\alpha Ru_\alpha$, on a bien

$$\sup_{\mu \prec \varepsilon_x} \int u d\mu = Ru(x) .$$

On démontrerait de la même manière la proposition suivante :

Proposition 2: Si le cône convexe C est inf-stable, pour tout u s.c.s., $u \in F_K(\Omega(C))$, et toute mesure $\nu \geqslant 0$, C-intégrable, on a $\sup_{\mu \prec \nu} \int u d\mu = \inf \{ \int v d\mu \ ; v \in C; v \geqslant u \}$

Démonstration: On se sert maintenant des application sous-linéaires p^ν définies par $p^\nu(f) = \inf \{ \int v d\nu \ ; v \geqslant f, \ v \in C \}$ pour $f \in \mathscr{C}_K(\Omega(C))$ et l'on procède comme pour la proposition 1. On remarquera que si ν et μ sont des mesures C-intégrables positives on a $p^{\nu+\mu} = p^\nu + p^\mu$. Posons maintenant, pour toute mesure C-intégrable $\mu \geq 0$ $B_\mu = \{\sigma \in \mathcal{M}^+(\Omega(C))\ ;\ \sigma < \mu\}$.

Corollaire 3: Si le cône convexe C est inf-stable, pour toutes mesures C-intégrables $\mu, \nu > 0$, on a $B_{\mu+\nu} = B_\nu + B_\mu$

Démonstration: Si l'on munit $\mathcal{M}^+(\Omega(C))$ de la topologie vague B_ν, B_μ sont convexes compacts pour toutes mesures $\mu, \nu \geq 0$ C-intégrables. On vérifie aisément que $B_\nu + B_\mu \subset B_{\nu+\mu}$ et l'ensemble $B_\nu + B_\mu$ est convexe compact.

S'il existait $\sigma \in B_{\nu+\mu}$, $\sigma \notin B_\nu + B_\mu$, il existerait une fonction continue u, à support compact dans $\Omega(C)$ telle que

$$\int u\,d\sigma > \sup\left\{\int u\,d(\sigma_1+\sigma_2),\ \sigma_1 \in B_\nu,\ \sigma_2 \in B_\mu\right\}$$

mais ceci est contradictoire avec la relation

$$p^{\nu+\mu}(u) = p^\nu(u) + p^\mu(u)$$

Proposition 4: Soient $u \in F_K(\Omega(C))$, u.s.c.s., $x \in \Omega$. Si $\mu < \varepsilon_x$ vérifie $\int u\,d\mu = \sup_{\nu < \varepsilon_x} \int u\,d\nu = Ru(x)$ alors $\int^* (R\,u-u)d\mu = 0$

Démonstration : On remarquera que si u est s.c.s., u atteint sa borne supérieure sur l'ensemble $B_x = B\varepsilon_x$. Il existe une suite $(v_n) \subset C$ telle que, pour tout n, $u \leq v_n$ et $\inf v_n(x) = Ru(x)$.

Posons $w = \inf v_n$; on a $w \geq Ru$ et

$$\int u\,d\mu \leq \int^* Ru\,d\mu \leq \int w\,d\mu \leq w(x) = Ru(x) \quad \text{par suite}$$

$$\int^* (Ru-u)d\mu = 0$$

Corollaire 5 : Pour toute $u \in F_K(\Omega(C))$, u s.c.s., on a, pour tout $x \in \Omega$;

1) $Ru(x) = \sup\left\{\int u\,d\mu\ ;\ \mu < \varepsilon_x;\ \text{portée par } \{u=Ru\}\right\}$

2) $Ru = \sup\left\{R^K \text{ compact};\ K \subset \{u = Ru\}\right\}$

3) Les fonctions u' et Ru sont portées, relativement à C, par l'ensemble $\{u = Ru\}$.

Définition 6 : On dira qu'une fonction numérique v sur Ω est une C-fonction, si pour tout $x \in \Omega$, et toute $\mu \prec \varepsilon_x$ $\int^* v d\mu \leq v(x)$. On désignera par C^* l'ensemble des C-fonctions.

Définition 7 : On dira que $v \in C^*$ est C-excessive, si v est universellement mesurable et si pour tout $x \in \Omega$, tout filtre $\mathcal{F}$ sur B_x, tel que $\lim_{\mathcal{F}} \int u d\mu = u(x)$ $\forall u \in C$, on a aussi $\lim_{\mathcal{F}} \int v d\mu = v(x)$.

On désignera par C_e l'ensemble des fonctions C-excessives.

Propriétes immédiates des cônes C^*, C_e.

a) Les cônes C^*, C_e sont convexes.

b) Pour toute famille $(v_\alpha) \subset C^*$, $(\inf v_\alpha) \in C^*$.

c) Pour toute suite croissante majorée $(v_n) \subset C^*$, $\sup v_n \in C^*$.

d) Pour toute famille filtrante croissante majorée $(v_\alpha) \subset C_e$ telle que $\sup_\alpha v_\alpha \in C^*$ et $\sup_\alpha v_\alpha$ mesurable, alors $\sup_\alpha v_\alpha \in C_e$.

e) Si $v_1, v_2 \in C^*$ sont mesurables et si $(v_1+v_2) \in C_e$, alors $v_1, v_2 \in C_e$.

Si l'on note par R^* l'opérateur de réduite par rapport au cône convexe C^*, la proposition 1 permet d'énoncer le théorème suivant ;

Théorème 8 : Pour tout cône convexe S, $C \subset S \subset C^*$ et toute $u \in F_K(\Omega(C))$, u s.c.s., on a ${}^{C}Ru = R^* u = {}^{S}Ru = \sup_{\mu \prec \varepsilon_x} \int u d\mu = {}^{C_e}Ru$

Application: Soit V un noyau sur $\mathcal{C}_K(\Omega)$ à valeur dans $\mathcal{C}(\Omega)$. Posons $P = V(\mathcal{C}_K^+(\Omega))$ et pour deux mesures de Radon $\mu, \nu \geq 0$,

$$(\mu \prec \nu) \Longleftrightarrow \left(\int v d\mu < \int v d\nu \ \forall v \in P\right).$$

Théorème 9 : Pour toute $f \geqslant 0$ universellement mesurable telle que $Vf(x) < +\infty$ $x \in \Omega$, Vf est P-excessive.

Démonstration: On sait déjà que Vf est universellement mesurable et que si $\mu \prec \varepsilon_x$, $\int Vf d\mu = \sup \left\{ \int Vh d\mu ;\ 0 \leqslant h \leqslant f;\ h \text{ s.c.s. et } Sh \text{ compact} \right\}$.

Il suffit donc de vérifier que si h est s.c.s. $\geqslant 0$ à support compact, alors Vh est P-excessive.

Soit $g \in \mathscr{C}_K(\Omega)$, $g \geqslant h$. D'après les proprietés b) et d) des cônes convexes P^* et P_e, on voit que 1) Vh et $V(g-h)$ sont des P-fonctions mesurables 2) $Vh+V(g-h)=Vg$ est une fonction P-excessive par suite Vh est aussi P-excessive, ce qui démontre le théorème.

II Réduites par rapport à des cônes de potentiels

Soit Ω localement compact dénombrable à l'infini, V un noyau sur Ω, qui envoie $\mathscr{C}_K(\Omega)$ dans $\mathscr{C}(\Omega)$ et qui satisfait au principe complet du maximum.

On pose $P = V(\mathscr{C}_K^+(\Omega))$ et l'on désigne par P^*, P_e respectivement le cône des P-fonctions et le cône des fonctions P-excessives.

Le résultat essentiel que l'on démontrera dans ce paragraphe est le suivant :

Si $u \in P$, et si $w \in P^*$, w continue, alors ${}^{P}R(u-w) = {}^{P^*}R(u-w)$ est P-excessive continue et $(u - {}^{P}R(u-w))$ est P-excessive.

L'hypothèse que Ω est dénombrable à l'infini n'est pas indispensable, mais simplifie grandement les démonstrations.

Si Ω est dénombrable à l'infini, il existe $h_o \in \mathscr{C}_b^+(\Omega)$

telle que $h_o(x) > 0 \ \forall x \in \Omega$ et $Vh_o \in \mathcal{C}_b(\Omega)$.

Le noyau U: $f \to V(h_o f)$ satisfait au principe complet du maximum $U(\mathcal{C}_b(\Omega)) \subset \mathcal{C}_b(\Omega)$ et $U(\mathcal{C}^+_K(\Omega)) = V(\mathcal{C}^+_K(\Omega)) = P$.

On peut donc supposer d'emblée que $V1 \in \mathcal{C}_b(\Omega)$.

On sait qu'il existe une famille résolvante $(V_p)_{p \geq 0}$ associée à V, telle que $V_p(\mathcal{C}_b(\Omega)) \subset {}_b(\Omega) \ \forall p>0$. L'extension canonique de (V_p) à $B(\Omega)$ est encore une résolvante sur $(\Omega, \mathcal{B}(\Omega))$.

On posera :

$$C = \{f \ ; \ f \text{ mesurable bornée}, \ pV_p \leq f \ \ \forall p > 0\}$$
$$C_c = C \cap \mathcal{C}(\Omega)$$
$$S = \{f \in C; \ \sup_p pV_p f = f\}$$
$$S_c = S \cap \mathcal{C}(\Omega)$$

Pour u mesurable bornée, on posera $\tilde{u} = \lim_{p \to \infty} \sup p V_p u$

$\hat{u}$ = régularisée s.c.i. de u.

On rappelle que si $u \in C$, $\tilde{u} \leq u$ et $\tilde{u} \in S$

Lemme 10: Si $u \in C$ alors $\hat{u} \in C$.

Démonstration: Pour tout $p>0$, $pV_p \hat{u}$ est s.c.i. et $p V_p \hat{u} \leq u$, donc $pV_p \hat{u} \leq \hat{u}$, et $\hat{u} \in C$

Lemme 11: Si $u \in C$ est s.c.i. alors $\tilde{u} = \sup_p p V_p u$ est aussi s.c.i.

Théorème 12 :Pour toute fonction s.c.i. bornée u sur Ω, ${}^C Ru$ est s.c.i.

Démonstration : On sait déjà que $w = {}^C Ru$ est mesurable et $w \in C$, par suite $\hat{w} \geq \hat{u} = u$ et $\hat{w} \in C$ par suite $w = \hat{w}$ est s.c.i.

Corollaire 13: Soient $u \in S_o$ et $v \in C_c$, alors ${}^S R(u-v)$ est une fonction excessive s.c.i.

Démonstration: Les hypothèses faites $(u \in S_c)$ impliquent

${}^S R(u-v) = {}^C R(u-v)$

Posons maintenant $\Omega_1 = \{V1 > 0\}$

Proposition 14 : Soit u mesurable bornée sur Ω. Les conditions suivantes sont équivalentes :

a) u est excessive par rapport à la résolvante (V_p)

b) u est P-excessive, où $P = V(\mathcal{C}_K^+(\Omega_1))$

Démonstration : Dans le cours de cette démonstration la relation $(\mu < \nu)$ signifiera $(\int v d\mu \leq \int v d\nu \quad \forall v \in P)$

1) b $\Longrightarrow$ a ; Supposons u P-excessive. Pour tout $x \in \Omega$, $p > 0$, on a $\varepsilon_x pV_p < \varepsilon_x$ et $\lim_{p\to\infty} \varepsilon_x pV_p Vh = Vh(x)$ pour tout h $\mathcal{C}_K^+(\Omega)$. Par suite $pV_p u \leq u$ et $u = \sup_p pV_p u$, soit $u \in S$

2) a $\Longrightarrow$b. Supposons que $u \in S$. Alors $u = \sup_p pV_p u = V(p(u - pV_p u))$.

On sait que pour toute $w \in C$, le noyau V ne charge pas l'ensemble $\{w > \tilde{w}\}$ où $\tilde{w} \neq \sup pV_p 1$. Si $V1(x)=0$, alors $\forall\ p > 0$, $V_p 1(x)=0$, et $\{\tilde{1}=1\} \subset \{V1 > 0\}$, par suite V ne charge pas l'ensemble $\complement\Omega_1$

Pour tout p, la fonction $V(p(u-pV_p u)) = pV_p u$ est alors P-excessive, il en est de même pour $u = \sup_p pV_p u$.

Désignons maintenant par S_{ck} le sous-cône convexe de S_c des éléments qui satisfont à la condition suivante :

Il existe un compact K tel que $u = {}^C Ru . 1_K$.

Le cône S_{ck} est convexe parce que C possède la proprieté d'additivité des réduites.

Lemme 15 : Le cône S_{ck} est contenu dans l'adhérence, pour la topologie de la convergence uniforme sur Ω, du cône $P=V(\mathcal{C}_K^+(\Omega_1))$.

Démonstration : Soit $u \in S_{ck}$ et soit K un compact de Ω tel que $u={}^C Ru.\,1_K$. La fonction u est excessive, on a donc

$$u=\sup_p pV_p u = V(p(u-pV_p u)).$$

Pour tout p, $pV_p u$ est continu. D'après le lemme de Dini, pour tout $\varepsilon > 0$, il existe $n(\varepsilon)$ tel que pour tout $p \geq n(\varepsilon)$, $u(x) < pV_p u(x) + \varepsilon \quad \forall\, x \in K$, par suite $u < pV_p u + \varepsilon$ si $p \geq n(\varepsilon)$.

Le noyau V est porté par l'ouvert $\{V1 > 0\} = \Omega_1$.

On a donc pour tout $f \in \mathcal{C}_b(\Omega)$, $Vf = \sup \{Vh;\ h \in \mathcal{C}_K^+(\Omega_1)\}$.

Utilisant à nouveau le lemme de Dini, pour un $p \geq n(\varepsilon)$, il existe $h \in \mathcal{C}_K^+(\Omega_1)$ tel que $u(x) \leq Vh(x) \leq pV_p u(x) + \varepsilon \quad \forall\, x \in K$ et $Vh \leq pV_p u$, par suite $\|u - Vh\| \leq \varepsilon$.

Proposition 16: Soient $h \in \mathcal{C}_K^+(\Omega_1)$ et $w \in C_c$. Dans ces conditions, ${}^S R(Vh-w) = {}^C R(Vh-w) = {}^P R(Vh-w)$ est une fonction excessive continue.

Démonstration : Posons $u=Vh-w$ et soit K le support de h.

On peut appliquer le théorème 8 et la proposition 14 ce qui donne ${}^S Ru = {}^S Ru.\,1_K = {}^P Ru.\,1_K$, par suite ${}^S Ru$ est semi-continue supérieurement. D'autre part ${}^S Ru = {}^C Ru$, par suite (corollaire 13) ${}^S Ru$ est semi-continue inférieurement donc continue.

Corollaire 17 : Pour tout $v \in S_{ck}$ et tout $w \in C_c$, ${}^S R(v-w) = {}^C R(v-w)$ est continue.

Démonstration : De manière générale, si $\|f_1 - f_2\| \leq \varepsilon$, alors $\|{}^C Rf_1 - {}^C Rf_2\| \leq \varepsilon$. On conclut à l'aide de la proposition 16 et du lemme 15.

Conclusion : Si l'on étudie la forme du corollaire 17, on voit qu'il fait intervenir deux cônes convexes $C_1=S_{ck}$, $C_2=C_c$.

On a $C_1 \subset C_2 \subset \mathcal{C}(\Omega)$ et C_2 est inf-stable. Pour tout $u \in C_1$, il existe un compact $K \subset \Omega$ tel que ${}^{C_2}Ru.1_K=u$.

Si l'on considère un cône convexe G tel que $C_1 \subset G \subset C_2$, le corollaire 17 devient: Pour tous $u \in C_1$, $v \in G$,

${}^{G}R(u-v) \in C_1$ et $(u-{}^{G}R(u-v)) \in C_1$. En particulier, on peut prendre pour G le plus petit cône convexe inf-stable engendré par C_1

III Compléments sur le balayage.

Notions de support fin, support fermé.

Notations : On se donne un espace localement compact Ω, un cône convexe C de fonctions numériques s.c.i. $\geqslant$ o sur Ω .

Définition 18 : On dit que C est linéairement séparant si pour $x, y \in \Omega$, $x \neq y$, il existe u et v dans C telles que $u(x)\ v(y) \neq u(y)v(x)$.

Pour deux mesures de Radon C-Intégrables $\mu, \nu \geqslant$ o sur Ω ; on note $\prec$ la relation définie par $(\mu \prec \nu) \Longleftrightarrow (\int v d\mu \leqslant \int v d\nu \ \forall v \in C)$

Définition 19 : 1) Soit u une fonction numérique mesurable sur Ω , majorable par un élément de C. On appellera support fin de u, relativement à C, l'ensemble $\delta(u)$ défini par $(x \in \delta(u))$

$$((\mu \prec \varepsilon_x \text{ et } \int u d\mu \geqslant u(x)) \Longrightarrow (\mu = \varepsilon_x))$$

2) On appellera support fermé de u, relativement à C, l'ensemble Supp u = $\overline{\delta(u)}$.

Dans la définition précédente on omettra de dire: relativement à C, s'il n'y a pas d'ambiguité.

Théorème 20 : Supposons C linéairement séparant. Pour tout fonction numérique s.c.s u à support compact dans Ω, telle que $u^+ \neq 0$, l'ensemble $\delta(u)$ est non vide, et Supp $u = \delta(u)$ est le plus petit compact K vérifiant la propriété : $(v \in C;\ v(x) \geq u(x) \quad \forall x \in K) \Longrightarrow (v \geq u)$ ou encore ${}^C Ru = {}^C Ru.1_K$

Démonstration : Disons qu'un compact $A \subset \Omega$ est stable si pour tout $x \in A$, $(\mu \prec \varepsilon_x$ et $\int u\,d\mu \geq u(x)) \Longrightarrow (\mu$ est portée par A). On vérifie immédiatement que si l'intersection d'une famille de compacts stables est non vide, c'est un compact stable. Soit par exemple $v_o \in C$, $v_o \geq u$ et $v_o(x) > o$ pour tout $x \in Su = \overline{\{u \neq o\}}$ et soit

$\lambda = \sup\{\alpha, \alpha > o,\ \alpha u \leq v_o\}$ L'ensemble $\{\lambda u = v_o\}$ n'est pas vide

et c'est un compact stable, il contient donc un compact stable minimal A. Montrons que A est réduit à un point.

S'il existait $x, y \in A$, $x \neq y$, comme C est linéairement séparant, il existerait $w \in C$ telle que, par exemple $w(x) = v(x)$ et $w(y) > v(y)$.

Posons $\varepsilon = \sup\{\alpha; \alpha u.1_A \leq w\}$

L'ensemble $A' = A \cap \{\varepsilon u = w\}$ n'est pas vide. C'est un compact stable qui ne contient pas y, de sorte que A ne serait pas minimal.

On vérifie immédiatement qui si $A = \{x\}$ est un compact stable minimal tel que $u(x) \_\ o$, alors $x \in \delta(u)$. Soit maintenant $K \subset \Omega$ un compact tel que ${}^C Ru = {}^C Ru.1_K$

D'après les propositions 1 et 4 du chapitre II, pour tout $x \in \Omega$ il existe une mesure $\mu \geq o$, portée par K, telle que $\mu \prec \varepsilon$ et

$\int u\,d\mu = {}^C Ru(x) \geq u(x)$. Si on prend $x \in \delta(u)$, alors $\mu = \varepsilon_x$, par suite $x \in K$ et $\delta(u) \subset K$.

Soit maintenant $w \in C$ tel que $w(x) \geq u(x)$ $\forall x \in \delta(u)$. S'il existait $y \in \Omega$ tel que $w(y) < u(y)$, pour ε convenable, $(w + \varepsilon v_o)(y) < u(y)$.

Posons encore $\lambda = \sup\{\alpha ; \alpha u \leq w + \varepsilon v_o\}$ l'ensemble $\{\lambda u = w + \varepsilon v_o\}$ serait un compact stable non vide disjoint de $\delta(u)$, ce qui est contradictoire. L'ensemble Supp u = $\delta(u)$ est donc bien le plus petit compact K tel que ${}^C Ru = {}^C R(u.1_K)$.

Remarque : Soit u une fonction numérique s.c.s sur Ω, majorée par un élément $v \in C$, telle que $u^+ \neq o$. D'il existe un compact $A \subset \Omega$ tel que ${}^C Ru = {}^C Ru.1_A$, il existe encore un plus petit compact K tel que ${}^C R = {}^C R.1_K$, et l'on posera encore K = Supp u

G. Mokobodzki

Chapitre III

Cônes de potentiels continus

Soient Ω localement compact dénombrable à l'infini, $C \subset \mathscr{C}^+(\Omega)$ un cône convexe. Pour toutes familles finies $(f_i) \subset C$ et $(h_j) \subset C$ on a $(\inf_i f_i) + (\inf_j h_j) = \inf_{i,j}(f_i + h_j)$, de sorte que le plus petit cône convexe inf-stable engendré par C est identique à l'ensemble des enveloppes inférieures de familles finies d'éléments de C .

Définition 1 : Soient $C \subset \mathscr{C}^+(\Omega)$ un cône convexe, $\underline{\underline{C}}$ le cône inf-stable engendré par C. On dira que C est un cône de potentiels si pour tous $u \in C$ et $v \in \underline{\underline{C}}$, on a ${}^C R(u-v) \in C$ et $(u - {}^C R(u-v)) \in C$

Proposition 2 : Soit $C \subset \mathscr{C}^+(\Omega)$ un cône de potentiels. Tout sous-cône convexe héréditaire à gauche $C' \subset C$ est encore un cône de potentiels.

Démonstration : Le cône $C' \subset C$ est dit héréditaire à gauche C si $(u, v \in C, (u+v) \in C') \Longrightarrow (u, v \in C')$. Pour tous $u \in C'$ $v \in \underline{\underline{C}}$, on a évidemment ${}^C R(u-v) = {}^{C'} R(u-v)$.

Dans toute la suite de ce chapitre, on se donnera un cône de potentiels continus $C \subset \mathscr{C}^+(\Omega)$ satisfaisant aux conditions suivantes:

a) C est linéairement séparant

b) pour tout $u \in C$, il existe un compact $K \subset \Omega$ tel que
$u = {}^C R u . 1_K$.

c) pour tout $u \in C$ et toute fonction C-excessive continue v, telle que $(u-v)$ soit C-excessive, on a $v \in C$.

Remarque 3 : Les conditions a) et b) entrainent que pour tout $u \in C$, $u \neq o$, il existe un plus petit compact K = Supp u tel que ${}^C R u . 1_K = u$. On obtient ainsi un critère de nullité pour un élément $u \in C$: Si $u \in C$, et ${}^C R u . 1_{K_1} = {}^C R u . 1_{K_2}$ où K_1 et K_2

sont des compacts didjoints, alors $u = o$.

Remarque 4 : Soit S un cône convexe qui satisfait seulement aux conditions a) et b) citées plus haut. Si S' désigne le cône convexe des fonctions S-excessives continues, on peut montrer que le cône héréditaire à gauche engendré par S dans S', satisfait aux conditions a), b), c).

Dans tout ce qui suit, on écrira simplement Ru au lieu de ${}^{C}Ru$.

Lemme 5 : Soient $u_1, v_1, u_2, v_2 \in C$ tels que $u_1+v_1=u_2+v_2$ et $\text{Supp } u_1 \cap \text{Supp } v_2 = \emptyset$. Dans ces conditions $u_2-u_1=R(u_2-u_1)=v_1-v_2$

Démonstration : On a $R(u_2-u_1) = R(v_1-v_2)$ et $u_1 \geq u_2 - R(u_2-u_1)= u'_2$

$v_2 \geq v_1 - R(v_1 - v_2) = v'_1$

On peut donc écrire $u_1+v'_1 = u'_2+v_1$ avec $u_1 \geq u'_2$ et $v_2 \geq v'_1$

Posons $t=R(u_1-u'_2) = R(v_2-v'_1)$. Puisque l'on a $(u_1-t) \in C$, $\text{Supp } t \subset \text{Supp } u_1$ de même $\text{Supp } t \subset \text{Supp } v_2$ et comme l'on a par hypothèse, $\text{Supp } u_1 \cap \text{Supp } v_2 = \emptyset$, on en déduit que $t=0$ ou encore $u_2-u_1=R(u_2-u_1)$

Lemme 6 : Pour tous $u, v \in C$, on a $\text{Supp }(u+v)= (\text{Supp } u) \cup (\text{Supp } v)$.

Démonstration : Posons $K=\text{Supp }(u+v)$ et $H=(\text{Supp } u) \cup (\text{Supp } v)$.

On a évidemment $H \in K$. Soit $v_o \in C$ tel que $v_o(x) > 0$ pour tout $x \in K$. Supposons qu'il existe $t \in C$ et $y \in \complement H$ tels que $t \geq (u+v).1_K$ et $t(y) < (u+v)(y)$. Pour $\varepsilon > 0$ convenable, on aura encore $t(y)+ \varepsilon v_o(y) < (u+v)(y)$ et maintenant $F= \overline{\{t+ \varepsilon v_o < u+v\}}$ est un fermé disjoint de H.

Calculons $s=R(u+v-t- \varepsilon v_o)$. On doit avoir $\text{Supp } s \subset F \cap K$, donc $\text{Supp } s \cap \text{Supp } u= \emptyset$. Appliquons le lemme précédent à l'égalité $u+v=s+(u+v-s)$, on en tire $v-s=R(v-s) \in C$, par suite $\text{Supp } s \subset \text{Supp } v \subset H$, ce qui est contradictoire, on a donc $t \geq u+v$.

Comme Supp (u+v) est le plus petit compact K tel que $u+v = R\,[(u+v).1_K]$, on a bien Supp (u+v)=(Supp u) $\cup$ (Supp v)

Lemme 7 : Soient $u \in C$, F un fermé de Ω. On considère la famille $D(u,F) \subset C \times C$ des décompositions de u définie par :

$$D(u,F) = \{(s,t) \subset C \times C;\ s+t=u \text{ Supp } t \cap F = \emptyset\}.$$

La famille des $s \in C$ telles que $(s,u-s) \in D(u,F)$ est filtrante décroissante.

Démonstration : Soient $(s,t),(s',t') \in D(u,F)$. Posons $p=R(t+t'-\inf(t,t'))$. $p = R(t+t' -\inf(t,t'))$. Un calcul simple montre que $t+t' - \inf(t,t') = u-\inf(s,s')$ par suite $(u-p) \in C$ et

$$\text{Supp } p \subset \text{Supp}(t+t') \subset \complement F.$$

Remarque 8 : Si H= Supp u, on a $D(u,F) = D(u,F\cap H)$

Définition 9 : Soient $u \in C$, F un fermé de Ω. On appelle restriction spécifique de u à F, la fonction C-excessive $u_F = \inf_{\alpha \in D(u,F)} u_\alpha$

Pour un ouvert $\omega \subset \Omega$; on appelle restriction spécifique de u à ω la fonction C-excessive $u_\omega = u - u_{\complement\omega}$

Théorème 10 : Pour tout $u \in C$ et tout fermé $F \subset \Omega$, si $u_F \neq 0$ Supp $u_F \subset F$.

Démonstration : Soit H = Supp u. Par définition

$$u_F = \inf\{s;\ (s,u-s) \in D(u,F)\}.$$

Soit $v \in C$ tel que $v(x) > u_F(x)\ \forall x \in F \cap H$. D'après le lemme de Dini et le lemme précédent, il existe $s \in C$, $(s,u-s) \in D(u,F)$ tel que $u_F(x) \leq s(x) \leq v(x)\ \forall x \in F \cap H$.

Posons $r=s-R(s-v)$, $t=(u-s)+R(s-v)$. Par construction $r \leq v$ et Supp $R(s-v) \cap F = \emptyset$ donc $(r,t) \in D(u,F)$. En faisant varier v on obtient le théorème.

Lemme 11 : Soient (s_α), (t_α) deux familles filtrantes décroissantes d'éléments de C telles que pour tout α, $(s_\alpha - t_\alpha) \in C$. Dans ces conditions $\inf s_\alpha - \inf t_\alpha = r$ est une C-fonction mesurable.

Démonstration : Soient $x \in \Omega$ et μ une mesure de Radon ≥ 0 sur Ω, $\mu \prec \varepsilon_x$. On vérifie que l'on a $\int r d\mu = \lim_\alpha \int (s_\alpha - t_\alpha) d\mu$ par suite $\int r d\mu \leq r(x)$.

Théorème 12 : Pour tout $u \in C$ et tout ouvert $\omega \subset \Omega$, on a $u_\omega = \sup u_K$, K compact, $K \subset \omega$.

Démonstration : Soient $F = \complement \omega$ et soit K un compact contenu dans ω, $H = \operatorname{Supp} u$. Pour $(s,t) \in D(u,F)$, $(q,r) \in D(u,K)$ posons $v_{sq} = R(s-r) = R(q-t)$. La famille v_{sq} est filtrante décroissante et pour tout s, q $(s - v_{sq}) \in C$, $(q - v_{sq}) \in C$.

D'après le lemme précédent, en posant $v = \inf v_{sq}$, $(u_F - v)$ et $(u_K - v)$ sont des C-fonctions mesurables. On remarquera que $v = R(u_K - u_\omega)$. Si l'on avait $v=0$, on devrait avoir

$\operatorname{Supp} v \subset \operatorname{Supp} u_K \cap \operatorname{Supp} u_F = \emptyset$ ce qui est contradictoire. Par suite $v=0$ et $u_K \leq u_\omega$.

Corollaire 13 : Pour tout fermé $F \subset \Omega$, l'application $u \longrightarrow u_F$ est affine sur C.

Démonstration : On vérifie immédiatement que si $u, v \in C$, $(u+v)_F \leq u_F + v_F$ et si $\omega = \complement F$ $(u+v)_\omega > u_\omega + v_\omega$ D'après le théorème précédent, on a aussi $(u+v)_\omega \geq u_\omega + v_\omega$, d'où le résultat.

Pour toute $\varphi \in \mathcal{C}(\Omega)$, $0 < \varphi < 1$, et $u \in C$ on définit u_φ sur Ω par $u_\varphi(x) = \int_0^{\sup \varphi} u_{[\varphi > \alpha]}(x) d\alpha$, $\forall x \in \Omega$ où $d\alpha$ est la mesure de Lebesgue sur R^+.

Théorème 14 ; Pour tout $u \in C$, et $\varphi \in \mathcal{C}(\Omega)$, $0 \leq \varphi \leq 1$ u_φ est une fonction C-excessive continue, $u_\varphi - u_{1-\varphi} = u$, $\operatorname{Supp} u_\varphi \subset S\varphi = \{\varphi > 0\}$

Démonstration : On supposera pour simplifier que $\sup \varphi = 1$, $\inf \varphi = 0$.

L'application $\alpha \longrightarrow u_{[\varphi > \alpha]}$ est décroissante, donc intégrable au sens de Riemann. On a donc $u_\varphi = \sup u_n$ avec $u_n = 2^{-n} \sum_{1 \leq p \leq 2^n} u_{[\varphi > p2^{-n}]}$

Cette formule montre que u_φ est C-excessive et s.c.i.

Pour $\alpha > \beta$, on a $u_{[\varphi > \alpha]} \leq u_{[\varphi \geq \alpha]} \leq u_{[\varphi > \beta]}$. On en déduit que $u_\varphi = \int_0^{\sup \varphi} u_{[\varphi \geq \alpha]} \, d\alpha$. Rappelons que $\sup \varphi = 1$, $\inf \varphi = 0$. En faisant le changement de variable $\alpha' = 1 - \alpha$, on obtient $u_\varphi = \int_0^1 u_{[1-\varphi < \alpha']} \, d\alpha'$ et $u_{[1-\varphi < \alpha']} = u - u_{[1-\varphi \geq \alpha']}$, par suite $u_\varphi + u_{1-\varphi} = u$ ce qui entraîne que u_φ et $u_{1-\varphi}$ sont continues.

Pour tout n et $p \leq 2^n$, on a

$$u_{[\varphi > p2^{-n}]} = \sup \left\{ v \in C ;\ (u - v) \in C \text{ et } \mathrm{Supp}\, v \subset [\varphi > p2^{-n}] \right\} .$$

On en conclut que si $H = S\varphi = \overline{\{\varphi > 0\}}$, alors $R(u_\varphi \cdot 1_H) = u_\varphi$, par suite $\mathrm{Supp}\, u_\varphi \subset H$;

Proposition 15 : Pour tout $u \in C$ et tout couple d'ouverts ω_1, ω_2 de Ω tels que $\mathrm{Supp}\, u \subset \omega_1 \cup \omega_2$, il existe une décomposition de u, $u = u_1 + u_2$, $u_1, u_2 \in C$ telle que $\mathrm{Supp}\, u_1 \subset \omega_1$, $\mathrm{Supp}\, u_2 \subset \omega_2$.

Démonstration : On peut supposer que ω_1 et ω_2 sont relativement compacts: soit $\omega_3 = \complement \mathrm{Supp}\, u$. Il existe alors une partition continue de l'unité $\{\varphi_1, \varphi_2, \varphi_3\}$ subordonnée au recouvrement $\{\omega_1, \omega_2, \omega_3\}$ telle que $S\varphi_1 \subset \omega_1$, $S\varphi_2 \subset \omega_2$ et $(\varphi_1 + \varphi_2)(x) = 1$ $\forall x \in \mathrm{Supp}\, u$.

Les fonctions $u_1 = u\varphi_1$, $u_2 = u\varphi_2$ répondent aux conditions de l'énoncé.

Corollaire 16 : Pour tout $u \in C$ et tous ouverts $\omega_1, \omega_2 \subset \Omega$, on a $u_{\omega_1 \cap \omega_2} + u_{\omega_1 \cup \omega_2} = u_{\omega_1} + u_{\omega_2}$.

Démonstration : Soient $s, t \in C$, tels que $(u-s)$, $(u-t) \in C$ et $\mathrm{Supp}\ t \subset \omega_1 \cap \omega_2$ et $\mathrm{Supp}\ s_1 \subset \omega_1 \cup \omega_2$. Il existe une décomposition $s = s_1 + s_2$ de s telle que $\mathrm{Supp}\ s_1 \subset \omega_1$ et $\mathrm{Supp}\ s_2 \subset \omega_2$. En prenant $v_1 = s_1 + t$; $v_2 = s_2$ on voit que $s+t \leq u_{\omega_1}\ u_{+\omega_2}$ Par suite

$$u_{\omega_1 \cap \omega_2} + u_{\omega_1 \cup \omega_2} \leq u_{\omega_1} + u_{\omega_2}$$

En raison du théorème 12, on a aussi pour tous compacts $K_1, K_2 \subset \Omega$, $u_{K_1 \cap K_2} + u_{K_1 \cup K_2} \leq u_{K_1} + u_{K_2}$. Si l'on prend maintenant $\omega_1 = \complement K_1$, $\omega_2 = \complement K_2$ on obtient le résultat cher= ché.

Nous utiliseron le résultat classique suivant : MEYER [1]

Soit T une application de l'ensemble des ouverts de Ω dans R^+ satisfaisant aux conditions suivantes :

a) Pour tous ouverts ω_1, $\omega_2 \subset \Omega$, on a

$$T(\omega_1 \cup \omega_2) + T(\omega_1 \cap \omega_2) = T(\omega_1) + T(\omega_2)$$

b) Pour tout ouvert $\omega \subset \Omega$, on a $T(\omega) = \sup \{T(\omega'); \overset{\omega'}{\vee} \text{compact}, \overline{\omega}' \subset \omega\}$

Alors il existe une mesure de Radon unique μ sur Ω telle que $\mu(\omega) = T(\omega)$ pour tout ouvert $\omega \subset \Omega$ et si $\varphi \in \mathcal{C}_b^+(\Omega)$

$$\int \varphi \, d\mu = \int_0^{\sup \varphi} T(\varphi > \alpha) d\alpha ,$$ où $d\alpha$ est la mesure de Lebesgue sur R^+.

Nous pouvons donc utiliser le théorème suivant.

Théorème 17 : Pour tout $u \in C$, il existe un noyau unique V sur $\mathcal{C}(\Omega)$ satisfaisant aux conditions suivantes :

a) $V1 = u$, $V(\mathcal{C}_b^+(\Omega)) \subset C$;

b) Pour tout $h \in \mathcal{C}_b^+(\Omega)$, on a Supp $Vh \subset Sh$

Démonstration : 1) Existence. L'application V définie sur $\mathcal{C}_b^+(\Omega)$ par $Vh = u_h = \int_0^{\sup h} u_{[h>\alpha]} \, d\alpha$ est affine sur $\mathcal{C}_b^+(\Omega)$ d'après le corollaire 16, et V se prolonge par linéarité à $\mathcal{C}_b(\Omega)$ tout entier. Les propriétes a) et b) résultent du théorème 14

2) Unicité. La condition b) implique que pour tout ouvert $\omega \subset \Omega$ et tout $\varphi \in \mathcal{C}_K(\omega)$, $0 \leq \varphi \leq 1$, on a $V\varphi \leq u_\omega$ d'après le théorème 12 et si K compact est contenu dans l'ensemble $\varphi = 1$, $u_K \leq V\varphi$. Par suite nécessairement $V1_K = u_K$, $V1_\omega = u_\omega$.

G. Mokobodzki

Chapitre IV

Soient Ω un espace localement compact à base dénombrable, C un cône de potentiels continus satisfaisant aux conditions a, b, c, du chapitre 3 et aux conditions supplémentaires suivantes:

d) Pour tout $u \in C, v \in C, \lambda \geqslant 0, (v(x)+\lambda \geqslant u(x) \ \forall x \in \text{Supp } u) \Longrightarrow (v+\lambda \geqslant u)$.

e) Toute fonction C-excessive continue v, à support compact relativement à C, appartient à C.

La condition e) entraine en particulier que pour tout compact $H \subset \Omega$, le cône convexe $C_H = \{ v \in C; \text{ Supp } v \subset H \}$ est complet pour la topologie de la convergence uniforme dans H.

Définition 1 : On dira qu'un noyau V; $\mathcal{C}_K(\Omega) \to \mathcal{C}(\Omega)$ est subordonné à C si

a) Pour tout $f \in \mathcal{C}^+_K(\Omega)$, $Vf \in C$

b) Pour tout $f \in \mathcal{C}^+_K(\Omega)$, $\text{Supp } Vf \subset Sf = \overline{\{f > 0\}}$

Théorème 2 : Si (V_n) est une suite de noyaux subordonnés à C, et si $V = \sum_n V_n$ est un noyau qui envoie $\mathcal{C}^+_K(\Omega)$ dans $\mathcal{C}^+(\Omega)$, alors V est un noyau subordonné à C.

Démonstration : Soit $h \in \mathcal{C}^+_K(\Omega)$. La fonction $u = \sum_n V_n h$ est une fonction C-excessive continue et l'on a d'après le lemme 6 du chapitre 3, Supp $u \subset Sh$ qui est compact. D'après la condition e) satisfaite par C, $u \subset C$ et par suite V est subordonné à C.

Désignons par $C_\sigma \subset \mathcal{C}^+(\Omega)$ le cône convexe des fonctions u de la forme $u = \sum_n u_n$ où $u_n \in C$, pour tout n et $u \in \mathcal{C}^+(\Omega)$. On a alors l'extension facile du théorème 17, du chapitre 3.

Théorème 3 : Pour tout $u \in C_\sigma$, il existe un noyau et un seul V subordonné à C tel que $V1 = u$

Théorème 4 : Tout noyau subordonné à C qui se prolonge en un noyau borné de $\mathcal{C}_b(\Omega)$ dans $\mathcal{C}_b(\Omega)$, satisfait au principe complet du maximum dans $\mathcal{C}_b(\Omega)$.

Démonstration : Soient f, g $\in \mathcal{C}_K^+(\Omega)$. Il existe deux suites crois= santes (f_n) et (g_n) dans $\mathcal{C}_K^+(\Omega)$ telles que

$f=\sup_n f_n$ et $g=\sup_n g_n$; d'où $V=\sup_n Vf_n$ et $Vg=\sup_n Vg_n$.

Soit maintenant $\lambda \geq 0$ et supposons que $Vf(x)+\lambda \geq Vg(x)$ $\forall x \in \{g > 0\}$. Pour tout $\varepsilon > 0, g_p \leq g$, et $x \in \{\overline{g > 0}\}$, $Vf(x)+\lambda+\varepsilon > Vg_p(x)$ (iné= galité stricte). Pour p fixé, il existe donc m assez grand tel que $Vf_m(x)+\lambda+\varepsilon \geq Vg_p(x)$, $\forall x \in \{\overline{g_p > 0}\}$.

Le noyau V étant subordonné à C, et C satisfaisant à la condi= tion d) on en déduit que

$Vf+\lambda \geq Vg$ dans Ω tout entier.

Théorème 5 : Il existe un noyau V subordonné à C, satisfaisant aux conditions suivantes:

1) V se prolonge en un noyau borné de $\mathcal{C}_b(\Omega)$ dans $\mathcal{C}_b(\Omega)$.

2) Si $(V_\lambda)_{\lambda \geq 0}$ est la famille résolvante de noyaux telle que $V_0 = V$, le cône des fonctions C-excessives est identique au cône des fonctions excessives par rapport à la résolvante $(V_\lambda)_{\lambda \geq 0}$.

Démonstration : Soit H un compact de Ω et soit $C_H = \{v \in C;\ \mathrm{Supp}\ v \subset H\}$.

D'après la condition d) satisfaite par C, les topologies de la convergence uniforme dans Ω et dans H respectivement sont identiques sur C_H. L'espace Ω étant à base dénombrable d'ouverts il existe une suite $A=(v_n) \subset C$ telle que C soit contenu dans l'adhérence de A pour la topologie de la convergence uniforme dans Ω.

Tout $v \in C$ est borné, il existe donc une suite (a_n), $a_n > 0$ pour tout n, telle que $v=\sum_n a_n v_n$ soit continue et bornée. Pour tout n, soit V_n le noyau subordonné à C tel que $V_n 1 = v_n$; le noyau $V = \sum_n a_n v_n$ est subordonné à C et $V1 = v$.

Montrons que le noyau V ainsi construit répond à la question.

Soit $(V_\lambda)_{\lambda \geq 0}$ la famille résolvante associée au noyau V et soit P le cône des fonctions excessive par rapport à la résolvante $(V_\lambda)_{\lambda \geq 0}$. On a $V(\mathcal{C}_K^+(\Omega)) \subset C$, par suite (proposition 14 chapitre 2) toute fonction P-excessive est aussi C-excessive.

Il suffit donc de démontrer que tout $u \in C$ est P-excessive, et puisque $A = (v_n)$ est partout dense dans C, que tout v_n est P-excessive Par un raisonnement classique (MEYER [4]), on voit que tout $u \in C_\sigma$ est (V_λ)-surmédiane (c'est a' dire surmédiane par rapport à la résol= vante (V_λ)). On a $V1 = v = a_n v_n + \sum_{p \neq n} a_p v_p$ les deux fonctions au second membre sont (V_λ)-surmédianes et leur somme est (V_λ)-excessive, par suite chacune d'elles est (V_λ)-excessive, ce qui démontre le thé= orème.

G. Mokobodzki

Bibliographie

[1] CHOQUET G. et DENY J. Modèles finis en thèorie du potentiel. Journal d'Analyse Mathématique. (Jerusalem) (1956-57).

[2] HANSEN W. Konstruktion von Halbgruppen und Markovschen Prozessen. Inventiones Math. 3, (1967).

[3] HERVÉ R.M. Recherches axiomatiques sur la théorie des fonc= tions surharmoniques et du potentiel. Annales Inst. Fourier, 12 (1962).

[4] MEYER P.A. Probabilité et potentiels. Hermann. Paris (1966)

[5] MEYER P.A. Brelot's axiomatic theory of the Dirichlet problem and Hunt's theory. Annales Inst. Fourier, 13/2(1963).

[6] MOKOBODZKI G. et SIBONY D. Notes aux comptes rendus de l'Academie des Sciences. Paris.
t. 264:4janvier 1967, 30 janvier 1967, 13 mars 1967.
t. 265:3juillet 1967, 17 Juillet 1967.
t. 266:22Janvier 1968, 1 Avril 1968.

[7] MOKOBODZKI G. et SIBONY D. Cônes adaptés de fonctions con= tinues et théorie du potentiel. Séminaire CHOQUET (1966-67) n° 5 I.H.P. Paris.

[8] MOKOBODZKI G. et SIBONY D. Cônes de fonctions continues et théorie du potentiel. Séminaire BRELOT-CHOQUET-DENY (1966-67). n°8 et n°9. I.H.P. Paris.

[9] MOKOBODZKI G. et SIBONY D. Familles additives de cônes convexe et noyaux subordonnés. Annales Inst. Fou= rier 18/2 (1969).

[10] MOKOBODZKI G. Densité relative de deux potentiels compa= rables. Séminaire de probabilité. I.R.M.A. Stra= sbourg (1968-69).

Stampa: Editoriale Grafica - Roma - Tel. 5890154

GPSR Compliance

The European Union's (EU) General Product Safety Regulation (GPSR) is a set of rules that requires consumer products to be safe and our obligations to ensure this.

If you have any concerns about our products, you can contact us on ProductSafety@springernature.com

In case Publisher is established outside the EU, the EU authorized representative is:

Springer Nature Customer Service Center GmbH
Europaplatz 3
69115 Heidelberg, Germany

Batch number: 09490862

Printed by Printforce, the Netherlands